Sitzungsberichte
der Akademie der Wissenschaften
der DDR
Mathematik – Naturwissenschaften – Technik

5N

1979

Rolf Löther

Das Reduktionismusproblem in der Biologie

AKADEMIE-VERLAG · BERLIN

Sitzungsberichte
der Akademie der Wissenschaften
der DDR
Mathematik—Naturwissenschaften—Technik

Jahrgang 1979 — Nr. 5/N

Rolf Löther

Das Reduktionismusproblem in der Biologie

AKADEMIE-VERLAG · BERLIN
1979

Vortrag und Diskussionsbeitrag
vor der Klasse Biowissenschaften
der Akademie der Wissenschaften der DDR
am 5. Mai 1977

Herausgegeben im Auftrage
des Präsidenten der Akademie
der Wissenschaften der DDR
von Vizepräsident Prof. Dr. Heinrich Scheel

Erschienen im Akademie-Verlag, 108 Berlin, Leipziger Str. 3–4

Lizenznummer: 202 · 100/186/79
Gesamtherstellung: VEB Druckhaus Köthen
Bestellnummer: 762 751 3 (2010/79/5/N) · LSV 0155
Printed in GDR
DDR 6,– M

Inhalt

ROLF LÖTHER, Prof. Dr. sc. phil., Akademie für ärztliche Fortbildung der DDR, Sektion Marxismus-Leninismus, Lehrstuhl für Philosophie

Das Reduktionismusproblem in der Biologie 5

KLAUS FUCHS-KITTOWSKI, Prof. Dr. phil. habil., Humboldt-Universität Berlin, Sektion Wissenschaftstheorie und Wissenschaftsorganisation

Zum Problem des Reduktionismus in der Biologie 17

Rolf Löther

Das Reduktionismusproblem in der Biologie

Der Begriff „Reduktionismus" hat im Sprachgebrauch der modernen Biologie und der über ihre weltanschaulichen und erkenntnistheoretisch-methodologischen Probleme geführten Diskussionen eine spezifische Bedeutung erhalten. Er bezeichnet eine wissenschaftsgeschichtliche Tendenz und bestimmte Art und Weise des biologischen Erkenntnisgewinns, die sich von den unmittelbar an den Organismen wahrnehmbaren Erscheinungen des Lebens entfernt, um schließlich die für das Leben elementaren Strukturen und Prozesse der Materie mit Hilfe physikalischer und chemischer Fragestellungen, Methoden und Begriffe zu untersuchen. Die wissenschaftsgeschichtliche Tendenz zeigt sich im Weg der Forschung von den Organismen über die Organe, Gewebe und Zellen zu den innerzellulären Strukturen und Prozessen als Objekten biologischer Forschung, wie ihn F. Jacob in seiner „Logik des Lebenden" so trefflich nachgezeichnet hat. Ergebnis und aktueller Inbegriff dieses historischen und methodischen Erkenntnisweges ist die Molekularbiologie. Der damit gekennzeichnete „Reduktionismus" sei im Folgenden „biologischer Reduktionismus" genannt, um Verwechslungen mit anderen Bedeutungen des Terminus vorzubeugen, die auch erwähnt werden.

Der insgesamt sehr ergebnisreiche biologische Reduktionismus hat mit der Entstehung und Entwicklung der Molekularbiologie zu einer Revolution in der Biologie geführt, der sie auf eine neue, höhere Stufe ihrer Entwicklung wie ihrer Bedeutung in der gesellschaftlichen Praxis gehoben hat. Diese Sachlage schließt aber nicht aus, sondern bedingt vielmehr, daß der biologische Reduktionismus in mehr als einer Hinsicht ein Problem darstellt, wenn nach seiner Stellung und Bedeutung im Hinblick auf vielfältige übergreifende Zusammenhänge gefragt wird. Es geht um solche zwischen Biologen, Vertretern anderer Naturwissenschaften und Philosophen viel diskutierte Fragen wie die nach der weltanschaulichen und erkenntnistheoretisch-methodologischen Charakteristik des biologischen Reduktionismus, nach seiner Bedeutung für die Erkenntnis des Lebenden und seinem Verhältnis zu nichtreduktionistischen Gebieten der biologischen Forschung; nach seinem Verhältnis zu Mechanizismus und Physikalismus; nach seinem Verhältnis zu den Methoden der Analyse und Synthese und zu den Kategorien des Ganzen und des Teils; nach seinem Verhältnis zur Systemforschung und zur historischen Methode; nach dem Verhältnis von Biologie und Physik sowie Biologie und Chemie, die in der Molekularbiologie zusammentreffen, u. a.

Nicht zuletzt ist sogar der Nutzen des biologischen Reduktionismus und der Molekularbiologie für Mensch und Gesellschaft umstritten. Als Beleg und Illustration seien zwei extreme Standpunkte nicht unbekannter Autoren aus den USA zitiert. B. COMMONER schreibt im Blick auf die Vernachlässigung für den Umweltschutz erforderlicher Forschungen in den Vereinigten Staaten: „Im reinen Glanz der Molekularbiologie erscheint das Studium der Biologie der Abwässer als langweilige und widerliche Übung, die kaum der Aufmerksamkeit eines ‚modernen' Biologen wert ist" (COMMONER 1973, S. 177). Er versichert: „Der Reduktionismus tendiert dazu, die wissenschaftlichen Disziplinen voneinander zu isolieren und alle zusammen von der wirklichen Welt" (ebd., S. 178). Im strikten Gegensatz zu dieser Stellungnahme verheißt. S. LURIA überschwänglich: „Die Ergebnisse der Molekularbiologie ermöglichen dem Menschen ein Verständnis des historischen Lebensprozesses, von dem er ein Teil ist, des Funktionierens seines eigenen Körpers, seiner Gesellschaft und der lebendigen Umwelt, mit der er sich ständig auseinandersetzen muß. Sie werden ihm schließlich sogar das Geheimnis enthüllen, wie der menschliche Geist funktioniert" (LURIA 1974, S. 10). Es ist offensichtlich, daß solche Auffassungen auch wissenschaftspolitische Konsequenzen in sich bergen.

Damit ist ein ganzer und sicherlich unvollständiger Katalog von Fragen aufgeführt, der sich aus der Durchsicht von Stellungnahmen zum biologischen Reduktionismus ergibt. Er wurde vor allem vorgetragen, um den komplexen Charakter des Problems zu verdeutlichen, zumal in den einzelnen Äußerungen zu ihm nicht selten nur einer seiner Aspekte mit dem Problem schlechthin identifiziert wird. Insgesamt stellt das Phänomen des biologischen Reduktionismus eine Herausforderung an das materialistisch-dialektische Denken dar, die bei weitem noch keine ausreichende Antwort gefunden hat. Sie drängt zur wissenschaftstheoretischen und methodologischen Fundierung der modernen Biologie und zur kritischen Auseinandersetzung mit metaphysischen Auffassungen und Denkweisen. In das Zentrum des Problems führt die Frage, was „erklären" in der Biologie heißt und was von der Biologie erklärt werden soll.

Erklären heißt Fragen beantworten, die angesichts von Dingen, Erscheinungen und Vorgängen gestellt werden. Die Wissenschaft tut dies mit Theorien. Es ist das Ziel aller wissenschaftlichen Grundlagenforschung, gegebene Erscheinungen und Vorgänge zu erklären, d. h. die ihr Dasein bestimmenden objektiven Gesetze zu erkunden, die Bedingungen ihrer Wirksamkeit zu bestimmen und dies in Theorien widerzuspiegeln. Theorien sind Systeme von Aussagen, die zumindest eine Gesetzesaussage enthalten. So wird z. B. das Phänomen der gradweise abgestuften Mannigfaltigkeit der Organismen, das im natürlichen Klassifikationssystem der Organismen widerspiegelt wird, durch die Deszendenztheorie erklärt. Sie erklärt die organismische Mannigfaltigkeit aus dem gesetzmäßigen Prozeß der Evolution der Arten. Das Erklären in der Biologie hat seine Besonderheiten, für deren Bestimmung vier Gesichtspunkte zu beachten sind: 1. der Gegenstand der Biologie; 2. der Ausgangspunkt und die Richtungen der Annäherung der Biologie an ihren Gegenstand; 3. die Typen von Fragen, die die Biologie zu beantworten hat, um die in ihrem Gegenstandsbereich auftretenden Erscheinungen und Vorgänge zu erklären; 4. das Verhältnis und die Synthese verschiedener Arten von Wissen in der Biologie.

Die Gegenstände der Wissenschaften existieren objektiv, unabhängig von ihrer Widerspiegelung in den Wissenschaften. Die Auffassungen von ihnen entwickeln sich mit dem Fortschreiten ihrer Erkenntnis. So bezog sich biologisches Erkennen stets auf die lebende Natur, konzentrierte sich auf die tierischen und pflanzlichen Lebewesen. Mit der Überwindung des „Organismozentrismus" (K. M. Sawadski) seit der Darwinschen Wende in der Entwicklung der Biologie zeichnete sich immer deutlicher eine neue Auffassung vom Gegenstand der Biologie ab. Der Weg zu den Populationen und Ökosystemen bis hin zur Biosphäre und der Weg zur molekularen Basis des Lebens kennzeichnen die Überwindung des Organismozentrismus, die die Biologie dazu brachte, in neuen Einheiten zu denken, Einheiten wie Population und Biozönose einerseits, Basensequenz der DNS und RNS andererseits. Mit beiden verbindet sich das Begreifen des Lebens in seiner historischen Dimension, der Evolution. Insgesamt resultiert daraus das Verständnis der lebenden Natur als enkaptische Hierarchie (ineinandergeschachtelte Stufenfolge) raumzeitlich organisierter Systeme, als evolutives historisches Kontinuum und als der Geschichte und Struktur der Erde zugehörige planetare Erscheinung. Der Organismus steht als eine, allerdings die basale, neben anderen grundlegenden Organisationsformen der lebenden Natur, zu denen weiter Art bzw. Population, Biozönose und Biostroma gehören. Jede dieser Organisationsformen entspricht einer Ebene (Stufe, Integrationsniveau) in der enkaptischen Hierarchie des Lebenden. Auf allen Ebenen findet Werden und Vergehen statt, aus dem sich die Evolution ergibt, deren primäres Geschehensfeld die Populations- und Artebene ist.

Ihren Ausgang nimmt die biologische Forschung von der organismischen Ebene, genauer: vom „Semaphoronten" (W. Hennig) als unmittelbarem sinnlich-gegenständlichen Erkenntnisobjekt. Der Semaphoront (Merkmalsträger) ist ein Ausschnitt aus der Lebensdauer eines organismischen Individuums, in dem Eigenschaften relativ konstant bleiben. In Abhängigkeit von der Geschwindigkeit, in der sich Eigenschaften ändern, kann er in einem Grenzfall unendlich klein zu denken sein, im anderen mit der Lebensdauer des Individuums zusammenfallen. Der Semaphoront ist der Knotenpunkt, an dem der Weg bis hinab zum molekularen und submolekularen Niveau innerorganismischer Strukturen und Prozesse ebenso beginnt wie das empirische Verfolgen des Netzwerkes intraspezifischer, biozönotischer und biostromatischer Beziehungen.

Gehen wir vom Semaphoronten aus, so zeichnen sich vier allgemeine Richtungen biologischer Forschung ab, die ihren Ausgang von vier generellen Aspekten des Semaphoronten nehmen und zu den verschiedenen Ebenen der lebenden Natur mit ihren Systemen führen.

Diese vier generellen Aspekte sind (vgl. Abb. 1):

1. die hierarchisch-enkaptische Organisation des Semaphoronten in jedem Augenblick seiner Existenz;

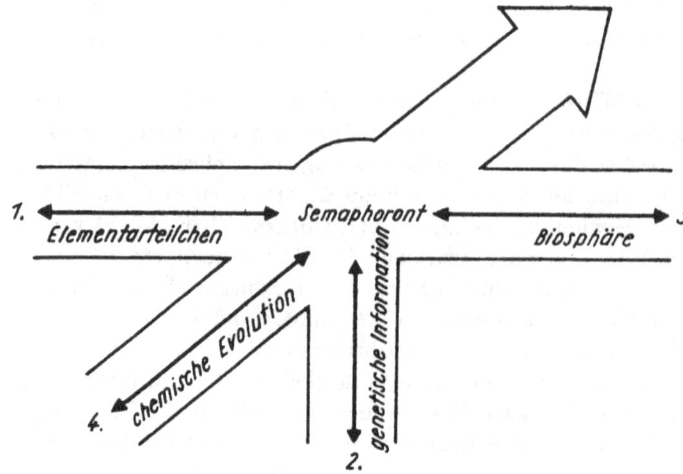

Abb. 1 Generelle Aspekte des Semaphoronten

2. die Zugehörigkeit des Semaphoronten zu einem Individual- und Ontogenesezyklus;
3. die Zugehörigkeit des Semaphoronten zu überorganismischen Systemen;
4. die Stellung des Semaphoronten in der Evolution.

In der angegebenen Reihenfolge hebt jeweils der nachfolgende den vorhergehenden Aspekt dialektisch in sich auf, ohne ihm seine relative Eigenständigkeit und seinem Verfolgen den Erkenntniswert zu nehmen. Der zweite Aspekt bezieht den ersten zeitlich in sich ein, d. h. unter ihm werden Semaphoronten als Repräsentanten *eines* Individual- und Ontogenesezyklus erfaßt und erforscht. Der dritte Aspekt bezieht den zweiten räumlich in sich ein, der vierte schließlich den dritten wiederum zeitlich. Er übergreift die anderen drei Aspekte insofern, als sich diese gleichsam auf die Prozeßfront der darüber hinausführenden Evolution beziehen, und integriert sie letztlich in sich. In den mit dem ersten und dem dritten Aspekt gegebenen Richtungen erfolgt der gedankliche Übergang zwischen den verschiedenen möglichen innerorganismischen Ebenen und überorganismischen Ebenen. In den mit dem zweiten und vierten Aspekt gegebenen Richtungen wird das reale Werden und Vergehen der Systeme erfaßt. Der gedankliche Übergang zwischen den Ebenen wird dadurch vermittelt, daß wir ein Objekt als System betrachten können und damit vor der Aufgabe seiner Analyse stehen oder als Element eines Systems und uns damit dem System höherer Ordnung zuwenden. Das Phänomen des biologischen Reduktionismus beruht auf der Möglichkeit, in der enkaptischen Hierarchie des Lebenden sukzessive auf niederere Ebenen herabzusteigen und die Objekte dieser Ebenen als Systeme zu erforschen. Das ist mit einem bestimmten Typ von Fragen verbunden.

Wie G. Wald (zit. nach Th. Dobzhansky 1965, S. 210) vermerkt, „hat der Biologe immer drei Arten von Fragen zu stellen, deren jede von den anderen unabhängig ist, wenn er mit irgendeinem Vorgang an lebenden Organismen konfrontiert wird: die Frage nach dem Mechanismus (wie wird er in Gang gebracht und gehalten?), die Frage nach der Anpassung (was leistet er für den Organismus?), die Zwillingsfragen nach der Embryogenese und der Evolution (wie ist er entstanden?)". Wenn wir die drei letzten Fragen allgemeiner formulieren als Frage nach der Leistung für (bzw. dem Verhältnis zur) Systemerhaltung generell, nach der Genese in der Entwicklung des einzelnen Systems und nach der historischen Genese, gelten sie für die Biosysteme aller Organisationsformen des Lebenden. Die von Wald an zweiter Stelle genannte Art von Fragen und die ihnen entsprechenden Antworten werden als „teleologische" oder — um terminologische Anklänge an idealistische Deutungen der biotischen Zweckmäßigkeit zu vermeiden — als „teleonomische" (C. Pittendrigh) bezeichnet.

Dobzhansky bezieht diese Arten von Fragen auf die Denkweisen der beiden klassischen Biotheoretiker R. Descartes und Ch. Darwin, deren erster die Auffassung des Organismus als rational durchschaubares Wechselwirkungsgefüge steuernder und gesteuerter Teile begründete, während der zweite zeigte, wie solche Systeme naturgesetzlich entstehen. Die erste von Wald angeführte Art von Fragen nennt Dobzhansky cartesianische oder reduktionistische Fragen und die beiden anderen darwinianische oder kompositionistische Fragen. Er sieht darin zwei Muster von Fragestellungen und entsprechende Erklärungen von biotischen Erscheinungen und Vorgängen, die einander ergänzen, komplementär zueinander sind, aber nicht aufeinander zurückgeführt oder auseinander deduziert werden können, also unersetzbar sind. „Sowohl das cartesianische als auch das darwinianische Herangehen sind für das Verständnis der Einheit und Mannigfaltigkeit des Lebens auf allen Integrationsniveaus wesentlich. Zweifellos ist der für die niederen Integrationsniveaus zumeist gestellte Typ von Fragen ‚wie die Dinge sind', während auf den höheren Ebenen dem Geist des Forschers sich unweigerlich eine zusätzliche Frage aufdrängt — ‚wie die Dinge geworden sind, um auf diese Weise zu sein'", konstatiert Dobzhansky (1964).

Im Anschluß an die Überlegungen Dobzhanskys können wir nun sagen, daß das Phänomen des biologischen Reduktionismus aus dem reduktionistischen Typ von Fragen in der Biologie folgt. Aufgrund der enkaptischen Hierarchie des Lebenden führen Fragen dieser Art zur Analyse von Systemen immer niederer Ordnung, um die Erscheinungen und Vorgänge des Lebenden zu erklären. Man kann V. A. Engel'gardt nur zustimmen, wenn er (1973, S. 95 f.) schreibt: „Der Reduktionismus bedarf heute nicht mehr einer Verteidigung oder Argumentation zum Beweis seiner Berechtigung. Entsprechende Beweise sind durch die Gesamtheit der modernen biologischen Forschung erbracht worden, die eigentlich nichts anderes ist, als der Triumphzug des reduktionistischen Prinzips. Ein direktes Produkt des Reduktionismus ist die Molekularbiologie, die an allen epochalen Erfolgen und Errungenschaften Anteil hat, die das Wesen der heutigen biologischen Revolution ausmachen."

Damit wird dem Reduktionismus kein Monopol in der biologischen Forschung zugesprochen. Bereits in seinem eigenen Bereich stellt sich das Problem des Rückweges von den Befunden auf niederer Ebene zu den Systemen der höheren Ebene, von denen die reduktionistische Fragestellung ausgeht, zu dem sie also logischerweise in der Synthese bei seiner Analyse gewonnener Befunde zurückkehren muß. Das ist deshalb ein Problem, weil die Analyse die Untersuchung der isolierten Teile von Ganzen bedeutet, aus deren Eigenschaften nicht notwendig die Eigenschaften des Ganzen erschlossen werden können, die durch die Wechselwirkung der Teile konstituiert werden, und die Teile selbst in der Wechselwirkung im Ganzen Eigenschaften haben, die in der Isolation vom Ganzen nicht auftreten. Die Qualitäten der isolierten Teile sind von der Qualität des Ganzen verschieden, so daß die Synthese die ideelle und praktische Rekonstruktion der Wechselbeziehungen der Teile im Ganzen erfordert. „Integratismus — der Weg vom Einfachen zum Komplizierten bei der Erkenntnis der Lebenserscheinungen" lautet der programmatische Titel der Arbeit von Engel'gardt (1973), in der er diese erkenntnistheoretisch-methodologische Arbeit konzeptionell erörtert hat.

Engel'gardt kennzeichnet den Integratismus als den Reduktionismus ergänzende Forschungsrichtung, die von den Ergebnissen des Reduktionismus zu den Systemen der höheren Ebenen aufsteigt. Er verweist darauf, daß diese Forschungsrichtung die Brücke zum erkenntnistheoretisch-methodologischen Standpunkt des „Organizismus" von L. v. Bertalanffy u. a. schlägt. Gleiches gilt für den „Holismus", wie er z. B. in den Symposiumsmaterialien „Beyond reductionism" (vgl. A. Koestler/J. R. Smythies 1970) und von Commoner (1973, S. 176 ff.) verstanden wird (und nicht mit der von J. Smuts, J. S. Haldane und A. Meyer-Abich begründeten unwissenschaftlichen Naturphilosophie gleichen Namens identisch ist). Zugleich schließt der Integratismus die Überwindung metaphysischer Absolutheitsansprüche für den Reduktionismus wie für den Organizismus und Holismus ein. Für die Klärung der in diesem Konnex auftretenden erkenntnistheoretisch-methodologischen Fragen gewinnt die weitere philosophische Untersuchung der Dialektik von Einfachem und Zusammengesetztem (Kompliziertem), Teil und Ganzem und Analyse und Synthese aufgrund des Materials der Biologie und unter Berücksichtigung der aus der Sicht der verschiedenen methodologischen Standpunkte dazu geäußerten Auffassungen wesentliche Bedeutung.

Mit der Ergänzung des Reduktionismus durch den Integratismus befinden wir uns noch im Banne der reduktionistischen Fragestellung, geht es immer noch darum, wie biotische Erscheinungen und Vorgänge durch ein Gefüge von Wechselwirkungen existieren. Demgegenüber bilden Reduktionismus plus Integratismus einerseits und Kompositionismus andererseits wiederum eine komplementäre Einheit. Geht es bei Reduktionismus und Integratismus um das Verhältnis von Analyse und Synthese in der Erforschung der synchronen enkaptischen Hierarchie des Lebenden, so bezieht sich das Verhältnis von Kompositionismus und Reduktionismus-Integratismus auf die Beziehungen zwischen der diachronen Genese und Reproduktion dieser enkaptischen Hierarchie und ihrem synchronen Dasein.

Auf das Problematische dieses Verhältnisses weisen nicht wenige Kontroversen in der Geschichte der Biologie hin. Es sei nur erinnert an die Gegenüberstellung der kompositionistischen Amphimixis-Theorie der Befruchtung von A. Weismann und der reduktionistischen Sexualitätstheorie der Befruchtung von M. Hartmann oder an die Auseinandersetzungen zwischen den Verfechtern der kompositionistischen Rekapitulationshypothese der Ontogenese („biogenetisches Grundgesetz" von E. Haeckel) und den Pionieren der reduktionistischen Entwicklungsphysiologie („Entwicklungsmechanik"). Wie Hartmann (1948, S. 185) ironisch bemerkte, „gab es Zeiten, in denen man glaubte, mit dem Nachweis der Abstammung der heute lebenden von einfacheren früheren Organismen die wesentlichsten Probleme der Biologie gelöst zu haben".

Während der Round-Table-Discussion auf der Leopoldina-Tagung über Evolution (Scharf 1975, S. 410 f.) akzentuierte E. Mayr die Problematik mit der These, daß es eigentlich zwei Biologien gebe. Erstens gebe es eine funktionelle Biologie, die es mit dem Decoding des genetischen Programms zu tun habe, und für die der Reduktionismus (Mayr verwendet den fragwürdigen Terminus „Physikalismus") sehr nützlich sei. Weiter führte er aus: „Aber es gibt noch einen zweiten Zweig der Biologie, das ist nämlich derjenige, der nichts mit dem Decoding dieser genetischen Programme zu tun hat, sondern mit dem Entstehen dieser genetischen Programme. Er wird teilweise als evolutionistische und (historische) Biologie bezeichnet. Hier hat der Physikalismus nicht nur sehr wenig geholfen, sondern in allen Fällen, wo der Physikalismus eingeführt wurde, hat er zu unglaublichem Unsinn geführt."

Komplementaritäten wie die von Reduktionismus und Organizismus—Holismus und von Reduktionismus—Integratismus und Kompositionismus sind Ausdruck dialektisch-widersprüchlicher Weisen des Vorgehens in der biologischen Forschung, die sich – bedingt durch die Eigenschaften des Lebenden – geschichtlich mit ihrer Differenzierung und Spezialisierung herausgebildet haben. Über die polemische Konfrontation oder das bloße Akzeptieren solcher nebeneinander bestehenden erkenntnistheoretisch-methodologischen Standpunkte mit ihren charakteristischen Fragestellungen und Ergebnissen hinaus führt materialistisch-dialektisches Denken zum Begreifen ihrer Einheit und wechselseitigen Durchdringung und Vermittlung. Es führt weiter dazu, die Aufgabe der Synthese der Forschungsergebnisse auf den widerstreitenden Positionen übergeordneter theoretischer Ebene zu stellen. Ging es im ersten Falle um die Einheit von Analyse und Synthese, die vom Integratismus vermittelt wird, geht es im zweiten Falle um die Einheit von Logischem und Historischem in der biologsichen Erkenntnis und das richtige Verhältnis von logischer und historischer Methode im Methodengefüge der biologischen Forschung (vgl. M. Schellhorn, 1976 a, b).

Die Bedeutung dieser Angelegenheit wächst in dem Maße, wie sich die Molekularbiologie Problemen zuwendet, die sich aus dem zweiten und dem vierten Aspekt des Semaphoronten ergeben, sich in die Erforschung von Entwicklungsprozessen integriert und damit Problemen stellt, die ohne die Kombination von logischer und historischer Methode und ohne die Bezugnahme auf kompositionistische Theorien insgesamt nicht zu lösen sind. Als Beispiele dafür seien die Entstehung des Lebens, die Evolution der Organismen auf molekularer und biochemischer Ebene und die Ontogenese der vielzelligen Organismen genannt, die alle nicht ohne Molekularbiologie und nicht ohne historisches Herangehen aufzuklären sind.

Zur Aufgabe der theoretischen Synthese von Logischem und Historischem schrieb der Sache nach und vorausblickend J. D. Bernal (1967, S. 642): „Es wird jetzt immer offensichtlicher, daß in der Biologie Verallgemeinerungen von großer Tragweite heranreifen. Die zentralen Entdeckungen der Biochemie, die auf die dem Leben zugrunde liegende chemische Natur und auf den chemischen Ursprung des Lebens hindeuten, müssen noch zu einer allgemeinen biologischen Theorie zusammengefaßt werden. Eine derartige Theorie muß ihrem Wesen nach evolutionär sein; d. h. sie muß das Gegenwärtige als Resultat des in biologischen Strukturen und Funktionen verkörperten Vergangenen erkenen lassen. Zum Begriff der Evolution war man auf Grund der sichtbaren Formen und Merkmale gekommen; die neue Auffassung muß die ganze Stufenleiter bis zu den Atomen berücksichtigen, ohne die größeren Einheiten Organismus und Gemeinschaft aus den Augen zu verlieren. Gerade weil sie die Materie und die Geschichte gleichzeitig umfassen muß, kann sie nur auf der Grundlage des dialektischen Materialismus entwickelt werden.“ Das Begreifen von Struktur und Evolution der Materie in einer Grundform ihrer Bewegung in einem theoretischen System auf der Grundlage des dialektischen Materialismus erfordert eben die Einheit von Logischem und Historischem. Um sie zu erreichen, dürfte die theoretische Biologie manches vom „Kapital“ von K. Marx lernen können — natürlich nicht, um die politische Ökonomie des Kapitalismus auf das Tier- und Pflanzenreich anzuwenden, sondern in rein methodologischer Hinsicht von einer Theorie, die sich durch die gemeisterte Einheit von Logischem und Historischem zur ideellen Reproduktion der konkreten Totalität eines komplizierten materiellen Systems auszeichnet.

Die Komplementaritäten in der biologischen Forschung, auf die hier eingegangen wurde, sind nicht die einzigen (vgl. Löther 1972 b). So ergibt sich z. B. auf jeder Ebene das Problem der Einheit und Mannigfaltigkeit der Objekte mit dem der Fülle der Erscheinungen zugewandten „naturalist“ und dem auf das Auffinden allgemeiner Gesetzmäßigkeiten an ausgewählten Objekten orientierten „scientist“, deren Standpunkte und Ergebnisse durch die vergleichende und klassifizierende Forschung vermittelt werden (z. B. Morphologie, Taxonomie).

Die methodologische Bedeutung der philosophischen Methode der materialistischen Dialektik, wie sie im „Kapital“ entfaltet wurde, besteht nicht darin, daß sie neben den Methoden der biologischen Forschung zum Einsatz gelangen könnte. Sie vermag nur vermittels der Methoden, Fragen, Begriffe, Modelle und Hypothesen und Theorien der Biologie zur Anwendung zu gelangen und zum Aufdecken der objektiven Dialektik des Lebenden beizutragen, indem mit ihr die Methoden und das weitere geistige Rüstzeug der Biologie erhellt und seine Anwendung orientiert werden, bis hin zur Strategie der Forschung. Dazu gehört die Charakteristik des biologischen Reduktionismus und seine Einordnung in die Forschungsmethodik der modernen Biologie, wie sie von mir versucht wurde. Sie führt zu dem Schluß, daß der biologische Reduktionismus vereint mit anderen Weisen des biologischen Erkenntnisgewinns die Anwendung der materialistischen Dialektik in der Biologie vermittelt und zu Erkenntnissen führt, die sich als Momente der objektiven Dialektik des Lebenden erweisen. In diesem Sinne fassen G. M. Frank und W. A. Engelhardt (V. A. Engel'gardt) (1962, S. 282) die Erfahrungen aus dem reduktionistischen Vorgehen zusammen: „Heute ist die Logik der Entwicklung der Wissenschaft derart, daß das tiefe Eindringen der chemischen und physikalischen Analyse in die biologischen Prozesse nicht nur zu keiner mechanistischen Vereinfachung führt, sondern unsere Vorstellungen von der Spezifik der Lebenserscheinungen bereichert, indem sie diese Spezifik konkretisiert und die Erkennbarkeit der materiellen Grundlagen der Lebenserscheinungen offenbar werden läßt."

Im Lichte dieser Erfahrung zeigt sich, wie weit sich der biologische Reduktionismus von den mechanizistischen Leitideen entfernt hat, in deren Zeichen er einst aufgebrochen war und wie er mechanizistischen und posivistischen Interpretationen widerspricht, die einem Aufgehen oder einer Auflösung der Biologie in Chemie und Physik oder in einer physikalistischen Einheitswissenschaft das Wort reden. Erst recht ergibt sich das aus der notwendigen Korrelation des Reduktionismus mit Integratismus und Kompositionismus bei der Erklärung des Lebenden. Diese Problematik ist in nicht wenigen Arbeiten zu theoretischen und philosophischen Problemen der Physik und Biologie (vgl. W. Ebeling 1976, K. Fuchs 1974, K. Fuchs-Kittowski 1976, R. S. Karpinskaja 1974 und 1975, R. Löther 1972 a und 1977, K. Steinmüller 1977) und Arbeiten zur Kritik der bürgerlichen Philosophie (F. Fiedler 1971, H. Horstmann 1973 und 1977) vielseitig und gründlich reflektiert worden.

Die Belegung mechanizistischer und positivistischer Auffassungen vom biologischen Reduktionismus mit dem Terminus „Reduktionismus" und der variantenreiche Gebrauch des Terminus in ihnen trägt nicht wenig zu Mißverständnissen angesichts des biologischen Reduktionismus bei und manche an ihn adressierte Polemik gilt eigentlich solchen Konzeptionen. Zur terminologischen Differenzierung zwischen dem biologischen Reduktionismus und ihn entstellenden bzw. verabsolutierenden Auffassungen empfiehlt es sich, dem Vorschlag von K. Fuchs-Kittowski (1976, S. 65) zu folgen, der für sie die Bezeichnung „Reduktionalismus" empfiehlt. Ein Beispiel solcher Interpretation des biologischen Reduktionismus sei noch kurz in Augenschein genommen.

K. M. Schaffner (1976) versucht mit einem großen Aufwand an scheinbar logischen Erwägungen aus dem Watson-Crick-Modell der DNS zu begründen, daß die Biologie nichts weiter als Chemie sei und postuliert ein „biologisches Reduktionsprinzip". Es lautet: „Das Verhalten eines gegebenen Organismus, der aus chemischen Konstituenten zusammengesetzt ist, ist eine Funktion der Konstituenten, wie sie isoliert charakterisiert werden können, plus der topologischen kausalen Struktur zwischen den chemischen Konstituenten“ (SCHAFFNER 1976, S. 121). Der Autor versichert, daß aus diesem Prinzip, obwohl er behauptet, daß Organismen nichts weiter als chemische Systeme seien, nicht folge, daß Organismen nur als chemische Systeme fruchtbar untersucht werden könnten. Wie die Thermodynamik Systeme makroskopisch untersuchen könne, die durch die statistische Mechanik mikroskopisch charakterisierbar sind, so könnten Anatomie, Neurologie, Genetik usw. lebende Organismen in der jeder Disziplin eigenen Terminologie studieren. Käme es zu ernsthaften Konflikten zwischen den Ergebnissen solcher makroskopischen Forschung und den molekularen Theorien, sei eine Überprüfung auf beiden Ebenen erforderlich.

Nun folgt aus der Tatsache, daß Leben letztlich auf der Wechselwirkung von Konstituenten beruht, die chemisch zu charakterisieren sind und sich Organismen modellmäßig als chemische Systeme auffassen und darstellen lassen, keineswegs, daß Biologie nichts weiter als Chemie ist. SCHAFFNER bezieht sich auf eine mögliche und notwendige Betrachtungsweise, die er verabsolutiert. Analog könnte man aus dem thermodynamischen Modell des Organismus als offenes System ableiten, daß Biologie nichts weiter als Thermodynamik sei, aus dem kybernetischen Modell des Organismus als dynamisches selbstregulierendes System, daß Biologie nichts weiter als Kybernetik sei, aus dem Modell des Organismus als Verkörperung eines morphologischen Typus, daß Biologie eine Art Kristallographie der Organismen sei, usw. — ganz abgesehen von der organismozentrischen Auffassung der Biologie, die all dem eigen ist. Wenn man aber alle diese Modelle zusammennimmt, stellt sich eine ganz andere Frage: wie ist das Objekt beschaffen, das all das möglich macht?

Zur Verdeutlichung der Problematik können uns Überlegungen von B. M. KEDROW (1965) dienen. Er geht davon aus, daß ein biologisches Objekt mit allen möglichen Methoden der verschiedenen Wissenschaften untersucht wird. Die dadurch gewonnenen Ergebnisse bezeichnet er mit den Anfangsbuchstaben der verschiedenen Wissenschaften: Biologie — B, Chemie — C, Physik — P, Mathematik — M, Kybernetik — K. Es handelt sich um Informationen vom gleichen Objekt, die jedoch über verschiedene Kanäle erhalten wurden. Damit ergibt sich: „Die Daten B, C, P, M und K lassen sich augenscheinlich als Informationen betrachten, die das gegebene Objekt von seinen verschiedenen Seiten her charakterisieren. Auf welche Weise vereinigen sich nun diese verschiedenen Seiten des Objektes selbst miteinander? Anders ausgedrückt: Wie muß das gegebene Objekt beschaffen sein, damit seine verschiedenen Seiten unter bestimmten Bedingungen von ihm die Informationen B, C, P, M und K geben?“ (KEDROW 1965, S. 4 f.).

Auch bei SCHAFFNER kommt das Gewinnen verschiedenartiger Informationen über ein Objekt vor, zumindest durch Chemie und verschiedene biologische Disziplinen. Angesichts dieser Sachlage interessiert ihn nicht die Beschaffenheit des Objekts, sondern lediglich die Konfliktlosigkeit zwischen Theorien und Termini, die logische Widerspruchsfreiheit im Bewußtsein. Darin zeigt sich der positivistische, subjektiv-idealistische Charakter seiner Konzeption. KEDROW demonstriert das allerdings schwierigere materialistische und dialektische Herangehen. Die dabei auftretenden Erkenntnisschwierigkeiten erläutert er an einem einfachen Modell (Abb. 2). Hier ist die Frage, welcher geometrische Körper drei verschiedene Projektionen — Kreis, Dreieck und Quadrat — auf der Ebene ergibt. Die Abbildung soll drei Schatten darstellen, die das unbekannte Objekt auf zwei rechtwinklig zueinanderstehende Wände und den Fußboden eines Zimmers wirft. Es handelt sich um einen zweiseitig-symmetrisch abgestumpften Zylinder. Bei diesem Beispiel handelt es sich natürlich um Informationen gleicher Art. KEDROW bezeichnet es deshalb als den einfachsten Fall einer erkenntnismäßigen Synthese.

Abb. 2 Schema zur Illustration der Synthese (Verarbeitung) der verschiedenen Informationen über ein gegebenes Objekt. (Nach KEDROW, 1965)

Eine erste Komplikation ergäbe sich, wenn sich der Körper drehen würde, so daß seine verschiedenen Schattenprojektionen ineinander übergehen. Die Sachlage kompliziert sich um ein vielfaches, wenn Informationen verschiedener Art, wie beim biologischen Objekt, vorliegen. Immer aber lautet die Grundfrage: „Wie muß das zu untersuchende Objekt an sich, unabhängig vom Forscher sein, damit es unter bestimmten Bedingungen Informationen bestimmter Art liefert? Und diese Frage steht stets, unabhängig davon, ob es sich um die verschiedenen Seiten einer geometrischen Figur handelt oder um ‚Seiten' im Sinne von verschiedenen Eigenschaften, Prozessen oder Qualitäten eines zusammengesetzten, innerlich einheitlichen Naturobjektes" (KEDROW 1965, S. 5). Die sich herausbildende theoretische Biologie wird diese Aufgabe mit Hilfe der materialistischen Dialektik zu lösen haben. Dabei ist logische Widerspruchsfreiheit zwar eine Bedingung, das Ziel aber ist adäquate theoretische Widerspiegelung objektiver Realität, die dem Kriterium der Praxis genügt.

Literatur

BERNAL, J. D.: Die Wissenschaft in der Geschichte, Berlin 1967 (3. Auflage).

COMMONER, B.: Wachstumswahn und Umweltkrise, München-Gütersloh-Wien 1973.

DOBZHANSKY, Th.: Biology, Molecular and Organismic, in: American Zoologist, Vol. 4, No. 4, 1964.

Dobzhansky, Th.: Mendelism, Darwinism and Evolutionism. in: Proceedings of the American Philosophical Society, Vol. 109, No. 4, 1965.

Ebeling, W.: Strukturbildung bei irreversiblen Prozessen, Leipzig 1976.

Engel'gardt, V. A.: Integratismus – der Weg vom Einfachen zum Komplizierten bei der Erkenntnis der Lebenserscheinungen, in: Dialektik in der modernen Naturwissenschaft, hrsg. von S. Wollgast und K.-F. Teinz, Berlin 1973.

Fiedler, F.: „Einheitswissenschaft“ oder Einheit der Wissenschaft? Berlin 1971.

Frank, G. M., Engelhardt, W. A.: Über die Rolle der Physik und Chemie bei der Erforschung biologischer Probleme, in: Philosophische Probleme der modernen Naturwissenschaft, Berlin 1962.

Fuchs, K.: Zur Bedeutung der theoretischen Physik für die Naturwissenschaften, in: Spektrum, Jg. 1974, Heft 11.

Fuchs-Kittowski, K.: Probleme des Determinismus und der Kybernetik in der molekularen Biologie, Jena 1976 (2. Aufl.).

Hartmann, M.: Die philosophischen Grundlagen der Naturwissenschaften, Jena 1948.

Horstmann, H.: Der Physikalismus als Modellfall positivistischer Denkweise, Berlin 1973.

Horstmann, H.: Studien zur metaphysischen und dialektisch-materialistischen Denkweise, Berlin 1977.

Jacob, F.: Die Logik des Lebenden, Frankfurt/Main 1972.

Karpinskaja, R. S.: Philosophie und Molekularbiologie, Berlin 1974.

Karpinskaja, R. S.: Dialektik und biologischer Reduktionismus, in: Gesellschaftswissenschaften (Moskau) 1975, Heft 4.

Kedrow, B. M.: Die Dialektik der modernen Naturwissenschaft, in: Presse der Sowjetunion, Jg. 1965, Nr. 127–130.

Koestler, A., Smythies, J. R. (Hrsg.): Das neue Menschenbild, Wien-München-Zürich 1970.

Löther, R.: Die DNS im wissenschaftlichen Weltbild, in: Desoxyribonukleinsäure – Schlüssel des Lebens, hrsg. von E. Geißler, Berlin 1972 a (2. Aufl.).

Löther, R.: Die Beherrschung der Mannigfaltigkeit, Jena 1972 b.

Löther, R.: Biologie und Weltanschauung, Leipzig-Jena-Berlin 1974 (2. Auflage).

Löther, R.: Zu Gegenstand und Geschichte der Abstammungslehre, in: Beiträge zur Genetik und Abstammungslehre, hrsg. von H. Böhme, R. Hagemann und R. Löther, Berlin 1976.

Löther, R.: Vom „Redischen Prinzip“ zum „Zentraldogma der Molekularbiologie“, in: Struktur und Prozeß, hrsg. von K. F. Wessel, Berlin 1977.

Luria, S.: Leben – das unvollendete Experiment, München-Zürich 1974.

Schaffner, K. F.: The Watson-Crick-Model and Reductionism, in: Topics in the Philosophy of Biology, ed. by M. Grene and E. Mendelsohn, Dordrecht (Holland) – Boston (USA) 1976.

Scharf, J.-H. (Hrsg.): Evolution, Halle/Saale (Nova Acta Leopoldina, 1975, Nr. 218, Bd. 42.

Schellhorn, M.: Logisches und Historisches in den Biowissenschaften, Berlin 1976 a (Phil. Diss. B, Humboldt-Universität, Mskr.).

Schellhorn, M.: Logische und historische Methode in den Biowissenschaften, in: Zeitschrift für geologische Wissenschaften, Jg. 1976 b, Heft 7.

Steinmüller, K.: Die Maschinentheorie des Lebens. Philosophische Probleme des biologischen Mechanizismus, Berlin 1977 (Phil. Diss. A, Humboldt-Universität, Mskr.).

Klaus Fuchs-Kittowski

Zum Problem des Reduktionismus in der Biologie[1]

1. *Reduktionismus versus Holismus*

Die Entwicklung der modernen Wissenschaft erlaubt uns die Analyse von Feinstrukturen und Mechanismus bzw. elementaren Zusammenhängen, die am Zustandekommen komplexer Prozesse beteiligt sind. Sie ermöglicht es, komplexe Prozesse, die uns als Ganzheiten entgegentreten, auf tieferliegende Strukturebenen zurückzuführen. Die eigentliche Revolution in der Biologie besteht darin, daß die elementaren Strukturen und Prozesse der komplexen Lebensphänomene Gegenstand der Analyse und Synthese geworden sind. Dies beweist die Notwendigkeit und Möglichkeit der Methode der Reduktion — Reduktion im Sinne der Zurückführung der verschiedenen Wirkungsgefüge auf die beteiligten elementaren Zusammenhänge — als erforderlichen Erkenntnisschritt. Diese beweist m. E. jedoch nicht die Richtigkeit des Reduktionalismus bzw. Reduktionismus als philosophischer Haltung; als theoretische Konzeption ist er nicht ausreichend. Rolf Löther hat in seinem interessanten Vortrag zum Reduktionismusproblem in der Biologie[1] meine Ausführungen zu dieser Problematik hervorgehoben, daß man m. E., die philosophische Haltung, die die Spezifik des Lebens von vornherein unberücksichtigt läßt, als Reduktionalismus bezeichnen sollte, nicht aber, wie das oftmals geschieht, den notwendigen Erkenntnisschritt, das Lebensgeschehen auf die bekannten Gesetze der Physik und Chemie, auf die Wechselbeziehungen physikalisch-chemischer Prozesse zurückzuführen (vgl. [2] S. 65 ff., S. 78).

Diese Zielstellung als mechanizistisch oder reduktionalistisch zu bezeichnen, ist hemmend für den weiteren Erkenntnisfortschritt.

Im Folgenden soll die hier zitierte Auffassung näher begründet und erläutert werden.

Im Zusammenhang mit der Anwendung der Methode der Reduktion, mit den damit verbundenen Schwierigkeiten, kommt es immer wieder zu starken Polemiken. Die extreme Position des Reduktionisten ist charakterisiert durch: das Außerachtlassen der qualitativen Unterschiede, die Reduzierung des qualitativ Höheren auf das entwicklungsmäßig Niedere, des Ganzen auf die Summe seiner Teile. In der Biologie speziell geht der Reduktionist davon aus, daß die physikalischen Gesetze allein ausreichend sind, um alle biologischen Phänomene zu erklären [3].

Das andere Extrem jedoch ist eine holistische, ganzheitliche Auffassung, die darauf verzichtet, nach den Ursachen zu fragen, die daher immer wieder in Gefahr ist, in Mystik abzugleiten und unerkennbare Sachverhalte zu postulieren.

Sehr viele biologische Probleme warten gegenwärtig auf eine theoretische Interpretation, auf eine wissenschaftstheoretische und philosophische Auswertung. Es unterliegt keinem Zweifel, daß dazu gerade auch das hier zur Diskussion gestellte Problem gehört: die Rückführung komplexer Lebensprozesse, die Gegenstand der Biologie sind, auf die elementaren Ebenen der Physik und Chemie. Das Problem der Zurückführung ist eines der kompliziertesten erkenntnistheoretischen Probleme. Dies gilt insbesondere im Zusammenhang mit der höchstorganisierten Materie, die auf das fast Einfachste zurückgeführt werden soll — auf das Verhalten und die Eigenschaften von Molekülen. So ist verständlich, daß es darüber zu erbitterten Auseinandersetzungen kommen mußte. Der vage, holistische *Antireduktionismus*, der sich auch gegen die Methode der Reduktion wendet, *begeht einen entscheidenden Denkfehler. Moleküle sind zwar in der Tat nicht lebend, es darf aber nicht übersehen werden, daß sie Bestandteile des lebenden Systems sind und daß daher die Erkenntnis ihrer Struktur und Funktion wesentliches zum Verständnis des Lebenden beiträgt.* Sobald man letzteres anerkennt, ist die Methode der Reduktion zwingend notwendig.

Das Problem besteht also in dem in der Dialektik des Erkenntnisprozesses auftretenden Konflikt zwischen theoretisch nachweisbarer Begrenztheit der Methode der Reduktion einerseits und der methodischen Unumgänglichkeit des Reduktionsprozesses andererseits. Die Verabsolutierung dieser Schwierigkeiten kann idealistischen Positionen Vorschub leisten.

Der Molekularbiologie und den Molekularbiologen wird oftmals vorgeworfen, sie würden die reale Biologie ignorieren, ihre Disziplin wird häufig geradezu mit Reduktionismus gleichgesetzt. Reale Biologie so wird gesagt, das ist ganzheitliche Biologie, die sich mit dem ganzen Lebewesen in der Gesamtsituation beschäftigt. Gegen einen Antireduktionismus, der nicht nur auf die Begrenzungen verweist, sondern mit dem Hinweis auf die Totalität, „die Vielheit als Einheit betrachtet" (Kant [4, S. 125]) überhaupt die Rückführung komplexer Prozesse auf die zugrundeliegenden Elementarprozesse in Frage stellt, muß folgendes geltend gemacht werden. Natürlich muß es unser Ziel sein, die materielle Totalität im Bewußtsein widerzuspiegeln, aber gerade dies kann keine Verdoppelung der objektiven Realität sein, sondern muß sich auf die wesentlichen, die gesetzmäßigen Zusammenhänge beziehen. So schreibt W. I. Lenin: „Der Mensch kann die Natur nicht als Ganzes, nicht vollständig, kann nicht ihre unmittelbare Totalität erfassen ‚widerspiegeln = abbilden', er kann dem nur ewig näher kommen, indem er Abstraktionen, Begriffe, Gesetze, ein wissenschaftliches Weltbild usw. schafft" ([5] S. 101).

Der Weg von der Analyse zur Synthese ist oft nur noch gedanklich möglich, das wirklich Konkrete wird als ein geistig Konkretes reproduziert. (Vgl. auch M. Leske [6])

In der Tat besteht heute noch eine große Kluft zwischen molekularer und integrativer Biologie. Durch modellmäßige „Rekonstruktion des Lebens" und durch die Möglichkeit, komplexe chemische Reaktionen auf Rechenautomaten modellmäßig darzustellen, ergeben sich Mittel und Wege zur Überwindung der Kluft zwischen molekularer Biologie und den Disziplinen, die den Organismus als Ganzes erforschen. Den Forschern wird immer bewußter, daß die Kluft zwischen den verschiedenen Disziplinen ein Hinweis darauf ist, daß eine grundlegende Tatsache, wenn nicht vielleicht eine ganze Dimension, beim bisherigen Herangehen noch ungenügend entwickelt wurde.

Es muß berücksichtigt werden, daß die Komplexität eines Systems nicht additiv zu behandeln ist, sondern daß durch den Zusammenschluß der Elemente und Teilvorgänge qualitativ neue Eigenschaften und Funktionen entstehen, die den Elementen und Teilvorgängen auch nicht teilweise zukommen. Aus der Dialektik von Teil und Ganzem, bei der das Ganze für die Entwicklung der Teile mitbestimmend wird, ergeben sich neue, systembedingte Qualitäten.

Der Reduktionismus in der Biologie geht meist von der Annahme aus, daß die Physik selbst reduktionistisch sei. Es wird dabei unterstellt, daß die Physik nicht selbst schon zeigen könnte, wie unter bestimmten Bedingungen ganzheitliche Systeme entstehen können. In jüngster Zeit konnte jedoch die Brüsseler Schule um Prigogine zeigen, daß den Naturprozessen selbst die Tendenz innewohnt, sich zu integrieren, daß es der Natur aus ihren eigenen Bedingungen heraus möglich ist, sich selbst zu organisieren [7].

Zu der Problematik des Reduktionismus schreibt M. Eigen, daß wir heute in keiner Weise zu der Annahme gezwungen sind, die Biologie ließe sich nicht auf Physik und Chemie zurückführen. Es gibt keinerlei Hinweis dafür, hebt er hervor, „daß die Physik in ihrer uns bekannten Form nicht dazu in der Lage wäre, wenngleich auch — wie in den makroskopischen Erscheinungen der unbelebten Welt — einer Beschreibung im Detail Grenzen gesetzt sind, die nicht im Grundsätzlichen, sondern allein in der Komplexität der Erscheinungen begründet sind.“ [8] Mit dieser Feststellung betont er zugleich: „Ebensowenig wird damit ausgeschlossen, daß die uns geläufigen wesentlichen Prinzipien der Physik sich in den Lebenserscheinungen in einer besonderen, eben für diese charakteristische Form äußern. Zu nennen sind hier vor allem das — für die Theorie der Informationserzeugung charakteristische und physikalisch ableitbare — Wertkonzept, das den Optimierungsprozeß der Evolution beherrscht, oder die diesem Vorgang eigene zeitliche Vorzugsrichtung, die in den Stabilitätskriterien der thermodynamischen Theorie irreversibler Prozesse ihren Urspung hat und die Evolution zu einem grundsätzlich ‚unabwendbaren‘ Ereignis macht ([8] S. 523).

Der entscheidende Gedanke ist also, daß wir uns von der Arbeitshypothese der prinzipiellen Rückführbarkeit leiten lassen müssen, solange wir nicht wissen, wie es wirklich ist und immer nur dann neue Annahmen machen dürfen, wenn wir wirklich dazu gezwungen sind; daß wir weiterhin erkennen müssen, daß in lebenden Systemen Zusammenhänge vorliegen, denen wir gewöhnlich in der Physik und Chemie, bei der Untersuchungen der nicht lebenden Natur nicht begegnen. Wir haben eine Informationstheorie, wir wissen aber noch nicht, wie Information entsteht. Es gibt eigentlich noch keine Theorie der Selbstorganisation der Materie.

„Wir werden sehen“, hebt M. EIGEN hervor, „daß wir beim Zusammenfügen dieser Einzelprozesse keine neue Physik brauchen, obwohl am Ende etwas dabei herauskommt, was für die Physik neu ist, nämlich die Biologie“ [9].

Es sind also insbesondere die Probleme der Information, ihrer Entstehung und Nutzung, deren Lösung uns dem Verständnis des Verhältnisses von Physik und Biologie, der qualitativen Besonderheit lebender Systeme, näher bringt. Es ist deutlich, daß Information über rein physikalische Wechselwirkung hinausgeht [10]. Ob physikalische Struktur zur Information wird, ist davon abhängig, ob sie umsetzbar ist in Lenkung, in teleonomisches Verhalten [10, 11, 12]. Lebensprozesse sind also die durch Information beherrschten physikalisch-chemischen Prozesse.

Im Sinne der materialistischen Naturwissenschaft muß davon ausgegangen werden, daß die allgemeinen Bewegungsgesetze der Materie stets gelten. In diesem Sinne folgt die lebende Materie den gleichen Gesetzen wie die nicht lebende Materie. Die Gesetze der niederen Bewegungsform der Materie behalten also im Lebenden ihre Gültigkeit und werden nicht durchbrochen. Entscheidend ist das Prinzip: *was biologisch möglich ist, muß auch physikalisch-chemisch möglich sein.* Doch die entscheidende Aussage, die uns von einer reduktionalistischen Position trennt, ist, daß die Umkehrung des Satzes u. E. nicht gilt. *Nicht alles was physikalisch-chemisch möglich ist, ist biologisch möglich.* Das Feld der physikalisch-chemischen Möglichkeiten wird im biologischen System stark eingeschränkt. Es findet eine Auswahl zu komplexeren Strukturen, zu höherer Organisation statt [2, 13]. Wir stehen somit vor der Aufgabe, die für das Lebende spezifischen Eigenschaften, den qualitativen Sprung aufzuklären und zu zeigen, wie schon auf der Ebene der atomaren, physikalisch-chemischen Bewegungsform der Materie die Voraussetzungen für den Übergang zur biologischen Bewegungsform der Materie zu den für sie spezifischen Gesetzmäßigkeiten entstehen.

Bei einer weder reduktionalistischen noch holistischen Konzeption ist also davon auszugehen, daß die jeweils höhere Bewegungsform der Materie, beispielsweise die biologische, Resultat der Wechselwirkung von Objekten einer niederen Bewegungsform der Materie ist, die wiederum Resultat einer Wechselwirkung ist. Der höheren Bewegungsform kommen aus diesen Wechselwirkungen und den sich für die niedere Bewegungsform ergebenden einschränkenden Bedingungen Eigenschaften zu, die der von ihr eingeschlossenen niederen auch nicht teilweise zukommen. Das heißt, aus der Wechselwirkung entsteht etwas Neues, das in den isolierten Komponenten nur der Möglichkeit nach, im Keim angelegt war. Eine quantitative Zunahme der Komplexität des Systems führt über qualitative Sprünge zu neuen Verhaltensweisen. Dabei ist neben dem Aspekt der Komplexität (der Inhomogenität der Struktur und dem Reichtum der Beziehungen zwischen den Strukturelementen) das gesamte Niveau der Organisation (der Entstehung und Nutzung von Information) zu beachten, insbesondere auch die Dialektik von Teil und Ganzem, bei der auch das Ganze mitbestimmend wird für die Entwicklung der Teile.

2. *Zur Einheit der Methoden der Reduktion und Integration*

Vom Ganzen ausgehend führt der wissenschaftliche Erkenntnisprozeß zur Analyse der Teile und wieder zur Resynthese.

Die Methode der Reduktion, die Erklärung von Eigenschaften komplexer Prozesse, durch die Erforschung ihrer einfachsten Teile bzw. der sie konstituierenden Elementarprozesse ist dabei offensichtlich ein notwendiger Erkenntnisschritt. Für lange Zeit galt jedoch das vom Holismus aufgestellte Dogma, daß eine Rückführung von Komplexen und Komplizierten auf Einfaches gerade in der Biologie nicht statthaft sei und unfruchtbar wäre.

Aber gerade die Erfolge der Molekularbiologie haben gezeigt, daß die Anwendung der reduktionistischen Methodik zu wesentlichen Erkenntnissen führt. Dies ist ein entscheidender Sieg über die genannten Vorurteile, über Holismus und Vitalismus. Sieg heißt jedoch nicht, daß dies die einzige Methode ist, daß durch sie allein alle Lebensphänomene erschöpfend erklärt werden können. Es heißt nicht die Anerkennung des Reduktionismus oder Reduktionalismus als weltanschaulicher Haltung. Vom Reduktionismus als weltanschaulicher Haltung wird von vornherein jede Spezifik der Bewegungsformen der Materie geleugnet. Aus dieser Sicht wird sogar auch dem dialektischen Materialismus, der die besondere Qualität jeder Bewegungsform der Materie hervorhebt, oftmals Vitalismus vorgeworfen [14]. Betrachtet man schon die Annahme spezifisch biologischer Gesetzmäßigkeiten als vitalistisch und nicht nur eine bestimmte obskure, idealistische Art ihrer Begründung, dann wird z. B. auch W. Elsasser als Vitalist bezeichnet. Die Komplementaritätskonzeption geht jedoch gerade von der Erkenntnis der Begrenztheit der extremen Standpunkte aus, auch wenn hier die Dialektik noch nicht voll entfaltet ist.

Der Vorwurf des Vitalismus wird hier offensichtlich aus einer einseitigen Position heraus erhoben. Sollen solche einseitigen Haltungen überwunden werden, ist vor allem auszugehen von der notwendigen Einheit der Analyse und Synthese, der Reduktion und Integration. Wichtig ist m. E. vor allem die Erkenntnis, daß sich die neuen Qualitäten aus den Wechselbeziehungen der niederen Bewegungsformen der Materie ergeben, die daher ebenfalls untersucht werden müssen und nicht plötzlich als etwas zusätzliches zum „rein" physikalisch-chemischen Prozeß hinzutreten.

Aus der Analyse bisheriger Wissenschaftsentwicklung kann m. E. als generelle wissenschaftstheoretische und methodologische Schlußfolgerung festgestellt werden, daß entscheidende Fortschritte in der Wissenschaft immer dann erzielt wurden, wenn es gelang, die komplexen Prozesse auf tieferliegende Strukturen bis hin zu den sog. Elementarprozessen zurückzuführen. Erst damit ist die Möglichkeit für einen regulierenden Eingriff in die Naturprozesse gegeben, so daß gewünschte Ziele erreicht werden können [15]. Diese Entwicklungslinie wird in der Herausbildung der Molekularbiologie aber m. E. ebenso in den Fortschritten der Wissenschaften vom Menschen, speziell in der verstärkten Entwicklung der biologischen

Verhaltensforschung, deutlich. Diese generelle Erfahrung aus der Wissenschaftsentwicklung sollte auch in den Gesellschaftswissenschaften, in einer für sie spezifizierten Weise, verstärkte Beachtung finden.[2]

Das Wesen einer Erkenntnis, die bis zu den Elementarprozessen geht, besteht also darin, daß man eine geschlossene Kette herstellt, die eine naturwissenschaftliche bzw. physikalisch-mathematische Beschreibung ermöglicht. Es kann ein Modell geschaffen werden, auf dessen Grundlage dann letztlich eine ingenieurmäßige Beherrschung des Prozesses erfolgen kann. (Vgl. S. M. Rapoport, [15] S. 117–118).

Die Lebensprozesse reichen vom molekularen Niveau über verschiedene Integrationsebenen wie Zelle, Zellverband, Organ bis zu den geistigen Prozessen in ihrer Verflechtung mit der menschlichen Gesellschaft. Alle Ebenen sind untereinander und mit der natürlichen und gesellschaftlichen Umwelt auf vielfältigste Weise integriert. Der gesellschaftliche Lebensprozeß reicht von den Handlungen des menschlichen Individuums über verschiedene Integrationsebenen, wie soziale Gruppen, soziale Klassen, bis zur Gesellschaftsformation. Demnach würden sich vereinfacht folgende Ketten ergeben, wobei die untereinanderstehenden Begriffe jeweils das tieferstehende Element der Substruktur des darüberstehenden ist.

Zurückführung auf tieferliegende Strukturebenen bzw. Elementprozesse:

physikalische Bewegungsform	*biologische Bewegungsform*	*gesellschaftliche Bewegungsform*
Makroskopische Systeme (Festkörper, Flüssigkeiten, Gase, Plasma und Makromoleküle)	– Population	– Gesellschaftsformation
	– Organismus	– Klasse
	– Organ	– Gruppe
	– Zellverband	– Individuum[3] (Handlungen, Operationen, formalisierte Operationen)
Elementarbausteine (Moleküle, Atome, Elementarteilchen)	– Zelle	
	– Makromolekül	

Es ist nun versucht worden, all diese verschiedenen Integrationsebenen unter einem gemeinsamen Prinzip zu ordnen. Die klassische Methode, dieses Ziel zu erreichen, war die Reduktion aller Erscheinungen auf physikalische Prozesse, d. h. Phänomene sollten reduziert werden auf psychologische, diese irgendwie auf biologische, und biologische Erscheinungen seien nichts anderes als besonders komplizierte physikalische Prozesse. Daß eine solche Reduktion möglich ist und vor allem, daß sie ausreicht, um die komplexen Lebenserscheinungen und die gesellschaftlichen Prozesse zu verstehen, war die These des Physikalismus bzw. Biologismus als spezielle Form des Reduktionalismus.

von Bertalanffy schrieb dazu: „da ein einheitliches Weltbild nicht gegründet werden kann auf die möglicherweise trügerische und sicher heute unerreichbare Reduzierung aller Wirklichkeitsgeschichten auf die Physik". Er vertrat die Meinung, daß ein einheitliches Weltbild gegründet werden kann auf „Isomorphien, die Gesetzmäßigkeiten in verschiedenen Gebieten und Schichten der Wirklichkeit aufweisen. Vom formalen Standpunkt, d. h. im Hinblick auf die Begriffskonstruktion der Wissenschaften bedeutet dies eine strukturelle Einheitlichkeit der theoretischen Modelle, die wir in verschiedenen Feldern verwenden" [16].

Die Existenz solcher Isomorphien der Gesetzmäßigkeiten in verschiedenen Schichten ist unbestreitbar. Sie findet ihren Ausdruck in der Entwicklung der Kybernetik und der allgemeinen Systemtheorie. Die Rückführung auf solche allgemeinen Denkmodelle ist jedoch nicht gleichzusetzen mit Reduktion auf eine niedere Bewegungsform, die Gefahr liegt hier vielmehr in der Verkennung der Grenzen der Abstraktion.

Die materielle Einheit der Welt zeigt sich vor allem in Zusammenhängen, die sich aus den Grundgesetzen der Physik ergeben. Wie in der Arbeit mit Klaus Günther [17] betont wurde, haben die Grundgesetze der Physik ganz anderen Charakter als jene „theoretischen in verschiedenen Feldern anwendbaren Modelle", von denen Bertalanffy spricht. Sie sind erstens konkreter: Es ist z. B. von Elektronen und Kohlenstoffatomen die Rede und nicht von irgendwelchen Elementen eines Systems, d. h. das materielle Substrat wird konkret angesprochen. Zweitens sind die physikalischen Grundgesetze allgemeingültig. Wir werden im folgenden zeigen, daß die Möglichkeiten der Reduktion und auch ihre Grenzen sich gerade aus dem allgemeinen Charakter der physikalischen Grundgesetze erweisen lassen.

Wir haben also noch einen weiteren Erkenntnisweg zu gehen und die dem Reduktionismus entgegengesetzte Frage zu stellen, wie das Hochkomplexe aus dem Elementaren, das Komplizierte aus dem Einfachen entsteht (vgl. [2]).

Es ist die Frage, wie mit der wachsenden Komplexität und Organisation des Systems die neuen Qualitäten entstehen.

Man kann heute nicht mehr bei der Gegenüberstellung des Prinzips der Reduktion und der Integration stehenbleiben, beide müssen einander ergänzen zumindest im Sinne der Komplementarität [18].

Das Prinzip der Reduktion muß, wie gesagt, ergänzt werden durch ein weiteres Prinzip, das der Integration. Das heißt, die Forschung muß, ausgehend von den elementaren Strukturen und Prozessen, versuchen, wachsende Komplexität, höhere Organisation mit neuen Eigenschaften und Funktionen aufzuklären. Die entscheidende Frage beispielsweise bei der Erforschung der Regulation des Zellstoffwechsels lautet: Können wir, nachdem viele Einzelreaktionen isoliert erkannt worden sind, einen Schritt weitergehen und die Prinzipien erkennen, nach denen die komplexen chemischen Prozesse für die Zwecke der einzelnen Zelle räumlich und zeitlich miteinander verbunden sind? Auch auf dem Niveau der einzelnen Zelle bleibt man also nicht bei reduktionalistischen Gedankengängen stehen, sondern geht von unserer bisherigen Kenntnis über die chemischen Reaktionen, über die Struktur der Moleküle aus und schreitet zur Erkenntnis der Gesetzmäßigkeiten beispielsweise der enzymatischen Reaktionsketten voran [19].

Damit wird auch die Betrachtung des Ganzheitsprozesses möglich. So wird, um ein Beispiel zu nennen, klar, daß Mutationen im Sinne spontan auftretender Erbänderungen tatsächlich das Ergebnis vielfältiger Wechselwirkungen der zahlreichen an der Replikation des genetischen Materials beteiligten Faktoren sind, und daß sie natürliche Äußerung des Lebensprozesses sind und nicht allein als ein dem Leben von außen aufgezwungenes Ergebnis betrachtet werden dürfen.

Die Erforschung der Regulation des Zellstoffwechsels setzt die durch den Erkenntnisschritt der Reduktion gewonnenen genaueren Erkenntnisse über Einzelreaktionen voraus. Aber selbst auf der von der Molekularbiologie zu erforschenden untersten Ebene der Hierarchie stellt sich die Frage der Einheit von Analyse und Synthese, Reduktion und Integration. Gerade durch die Molekularbiologie ist es nach Jahrhunderten analytischer Forschung möglich geworden, sinnvoll nach den funktionellen Zusammenhängen, nach den Verknüpfungsgesetzen der Elementarbausteine zu fragen. Dabei wird deutlich, daß bei allen komplexen Verhaltensweisen von Organismen Steuer- und Regelungsvorgänge, sowie Prozesse der Informationsübertragung und -verarbeitung schon auf molekularem Niveau eine wichtige Rolle spielen.

Dabei ergibt sich die Frage, ob wir zur Erlangung von Erkenntnissen über die Elementarprozesse nicht Vereinfachungen einführen müssen. Da es sich so verhält, muß dann weiter versucht werden, ob man die Elementarprozesse in Ganzheiten zusammenführen kann, ob man die neue Qualität, die bei der nächsthöheren Strukturebene entsteht, erkennen kann.

Das Wesen des Schrittes zur Resynthese besteht also in Erkenntnissen, die sich aus der Integration der Elementarstrukturen bzw. -prozesse zu neuen Ganzheiten, in die räumliche und zeitliche Hierarchie, (mit ihren verschiedenen Stufen der Regulation) ergeben.

Mit wachsender Integration nimmt die Wechselwirkung der Strukturelemente untereinander und mit weiteren Strukturelementen zu, es entstehen neue Verbindungen. Damit steigt der Grad der gegenseitigen Abhängigkeit und wechselseitigen Bestimmtheit. Mit der Integration verbinden sich nicht nur die Systeme, sondern auch die Elemente, die integriert werden. Sie zeigen neue Eigenschaften, die ihnen zuvor nur als Möglichkeiten zukamen, oder vorher vorhandene Eigenschaften werden unterdrückt. Die Elemente erhalten also durch die Integration, durch das sich bildende Ganze neue Möglichkeiten ihrer Entfaltung.

Das Prinzip der Integration, als sich aus dem zuvor gesagten ergebender notwendiger Erkenntnisschritt, erhält also seine Rechtfertigung aus den komplizierten Wechselbeziehungen zwischen Teil und Ganzem, Komplexem und Elementarem. Die Entstehung eines Systems von Zusammenhängen bei der Bildung des Ganzen aus zuvor isolierten Teilen ist die entscheidende Grundlage der Integration.

Es ist deutlich, daß durch die Verknüpfung von Elementen neuartige Qualitäten auftreten [20]. Hier liegt der entscheidende Ansatzpunkt zum Verständnis dieses Vorganges; *der jedoch noch zu vertiefen ist. Die auftretenden Qualitäten können nämlich auch von der Art der Elemente mit Notwendigkeit bestimmt und bedingt sein und sind dann nur scheinbar wirklich neu.* Wenn man beispielsweise das effektive Kraftfeld, welches sich zwischen den Wassermolekülen ausbildet, sowie die äußeren Bedingungen (Druck, Volumen) kennen würde, so könnte man in gewisser Näherung den Siedepunkt berechnen. Dies ist also ein Beispiel für das präformierte Auftreten einer Systemqualität. Die Primär- aber auch die Sekundärstrukturen der Eiweiße sind durch die DNS-Struktur eindeutig bestimmt. Oftmals ist das, was uns scheinbar als neue Qualität entgegentritt, präformiert bereits vorhanden. Durch veränderte Wechselbeziehungen wird das an sich schon vorgegebene ausgeprägt und bestimmt.[4]

Aus der Kenntnis der Elemente, ihrer Eigenschaften und ihres Zusammenwirkens ist man in der Lage, mit einer bestimmten Wahrscheinlichkeit das Auftreten bestimmter Systemqualitäten vorherzusagen.

Aufgabe der modernen Wissenschaft ist es nun gerade, den gesetzmäßigen Zusammenhang zwischen einer vorgeformten und einer entfalteten Mannigfaltigkeit aufzudecken. Gelingt dies, so haben wir diese neuartige Erscheinung auf die ihr zugrundeliegenden bekannten elementaren Strukturen und Prozesse zurückgeführt und in diesem Sinne wissenschaftlich verstanden.

Auf dieser Tatsache beruht also der entscheidende Erfolg der Methode der Reduktion, ja weithin der Erfolg der modernen Naturwissenschaft. Diese Methode wird der Spezifik gesellschaftlicher Prozesse entsprechend abgewandelt auch immer stärker in den Gesellschaftswissenschaften angewendet.

Es gibt aber auch echt Neues. Dieses wirklich Neue läßt sich nicht reduzieren. Die Entwicklung der Teile wird vom Ganzen her mitbestimmt, die Teile können also zum Ganzen in eine Wechselbeziehung treten, die in den Teilen nicht vorgegeben und damit auch nicht zuvor erkennbar war. Hier geht es um die entscheidende Frage für das Verständnis der Entstehung von echt neuen Qualitäten. Das wirklich Neue zeigt sich uns als Ergebnis von Wechselwirkungen, die nicht aus den Anordnungen der Teile vorhersehbar sind. Die Quantität von Elementen ist dabei natürlich eine wesentliche Voraussetzung, sie bringt jedoch noch nicht *das Neue, sondern die sich bildenden Strukturen. Das Neue entsteht aus dem Alten und ist doch prinzipiell neu.*

Die Theorie der Selbstorganisation makroskopischer Systeme läßt uns heute die Dialektik von Notwendigkeit und Zufall — ohne Zufall entsteht nichts Neues in der Natur (vgl. Amery, Prigogine [22], Fuchs-Kittowski, Rosenthal [23]) — und vor allem auch die Dialektik von Teil und Ganzem (Th. Hager [24]) und damit die Entstehung der systembedingten wirklich neuen Qualitäten der Dinge und Erscheinungen tiefer verstehen. Der Übergang von einer Qualität zu einer anderen, vom Niederen zum Höheren vollzieht sich durch qualitative Sprünge, durch Prozesse der Selbstorganisation weit ab vom thermodynamischen Gleichgewicht. Während man sich in der wissenschaftlichen Forschung lange Zeit von der Idee eines sich mit seiner Umwelt auseinandersetzenden Elementes leiten ließ, ist heute gerade der Gedanke der gegenseitigen Abhängigkeit, der Bezogenheit auf das andere Element, und die historisch-genetische Betrachtungsweise charakteristisch.

Die gegenseitige Abhängigkeit, die Vielfalt der Wechselbeziehungen beispielsweise zwischen Molekülen und Zellen, oder auch zwischen Menschen und Maschinen und zwischen den Menschen sind offensichtlich der eigentliche Gegenstand der wissenschaftlichen Bemühungen unserer Zeit. *Es sind die Verknüpfungsgesetze, die aus den Teilen erst ein Ganzes machen.* Es sind die Informationen, die zwischen den Teilen ausgetauscht werden, und die von ihnen erzeugt und genutzt werden. Verknüpfung und Information kann es im isolierten Teil nicht geben. So ist das Ganze tatsächlich mehr als die Summe seiner Teile, aber dieses „mehr" ist erforschbar und analysierbar. Die Kybernetik kann gerade hierfür, bei der Analyse maskroskopischer Systeme, einen entscheidenden Beitrag leisten. Damit ist der alte, fast mystische Begriff der Ganzheit zum Gegenstand einer rationalen Wissenschaft geworden. Ein großes Gebiet komplexer Beziehungen kann damit einer Klärung zugeführt werden. Es ist damit jedoch sicher noch nicht alles erklärt. Das durch den kybernetischen Ansatz gewonnene allgemeine Verständnis muß dann offensichtlich weiter vertieft werden. Denn hier wird Information immer schon vorausgesetzt, ihr Entstehen wird nicht erklärt und damit ihr Wesen nicht voll erfaßt. Über die alleinige Betrachtung gesteuerter Element—Element-Beziehungen wird sich wahrscheinlich auch die Totalität der Wechselbeziehungen, wie sie uns in der Dialektik von Teil und Ganzem sich entwickelnder Organisationen entgegentritt, nicht voll erfassen lassen.

Eine wesentliche Weiterentwicklung bringt die Theorie der Selbstorganisation. Indem sie sich speziell mit dem Übergang von einem weniger ganzheitlichen zu einem ganzheitlicheren Prozeß oder Zustand (vgl. [24]), mit der Entstehung eines höheren Integrationsgrades und dem damit verbundenen qualitativen Sprung beschäftigt, läßt sie uns Strukturbildungs- und Entwicklungsprozesse tiefer verstehen. Charakteristisch für die durch Selbstorganisation entstandenen Strukturen ist ihre höhere Ganzheitlichkeit, so daß in zunehmendem Maße das Ganze die Teile beherrscht.

3. Dialektik von Teil und Ganzem in der Organisation der Lebensprozesse

Der Gedanke, daß das Ganze mehr ist als die Summe seiner Teile, war aufgrund seiner sehr allgemeinen Formulierung Anlaß vielfältiger Spekulationen über metaphysische Elemente als wesentliche Bestandteile der Lebewesen. Insbesondere wurde auf dieser Grundlage immer wieder versucht, wesentliche Qualitäten lebender Objekte als außerhalb des Bereichs der naturwissenschaftlichen Erkenntnis liegend zu postulieren (Driesch, 1929 [25]). Wie mit R. Laue (vgl. [26], 12 S. 115 ff.) deutlich gemacht wurde, stellt die dialektische Beziehung von Teil und Ganzem eine besondere Form des allgemeinen Zusammenhangs dar, der gerade für das Verständnis der Spezifik des Lebens wesentlich ist.

Der angeführte Satz drückt zunächst einen vergleichsweise einfachen und vielfach belegten Tatbestand aus. Sind beispielsweise die wichtigsten Qualitäten einer unspezialisierten Zelle bekannt und bildet eine gewisse Anzahl solcher Zellen einen vielzelligen Organismus, so lassen sich dessen Eigenschaften nur zu einem geringen Teil aus den bekannten Qualitäten der Zelle ableiten. Der vielzellige Organismus zeichnet sich gegenüber der Zelle durch eine Vielzahl neuartiger Qualitäten aus, *die entweder eine Spezialisierung bereits in der Zelle vorhandener Qualitäten sein können* (z. B. Unterscheidung zwischen chemischen Reizen: süß, sauer, bitter) *oder aber völlig neu sein können* (z. B. Ausbildung von Organen, Blutkreislauf, endokrines System, Denkfähigkeit). Das bedeutet, daß der vielzellige Organismus im Vergleich mit den Qualitäten seiner Grundbausteine, den Zellen, völlig neue Qualitäten aufweist. Dem Ganzen kommen also Eigenschaften zu, die den Teilen auch nicht teilweise sondern nur der Potenz nach zukommen. Ein solcher Zusammenschluß bedeutet die Herausbildung gegenseitiger Wechselwirkungen (Beziehungen, Relationen) vielfältiger Art. Betrachtet man die Wechselwirkungen zwischen den Zellen als wesentlich für die Qualitäten des vielzelligen Organismus, so wird deutlich, welcher konkrete Sinn dem Satz „das Ganze ist mehr als die Summe seiner Teile" beizulegen ist [26].

In Übereinstimmung mit den biologischen Gegebenheiten wird hier nichts metaphysisches zum Ausdruck gebracht, sondern ein elementarer, jedoch für die Methodik der biologischen Forschung hochsignifikanter Tatbestand hervorgehoben.

Ludwig von Bertalanffy [27] erkannte als einer der ersten in den 30er Jahren die volle Tragweite dieser Tatsache und suchte auch in seinen weiteren Arbeiten diesem Umstand stets Rechnung zu tragen. Er stellte dabei insbesondere den Gesichtspunkt einer ganzheitlichen Betrachtungsweise lebender Systeme in den Vordergrund, die sich als logische Konsequenz aus der Anerkennung des obigen Tatbestandes ergibt. Wenn die Wechselwirkungen zwischen den Elementen eines lebenden Systems wesentlicher Bestandteil desselben sind, so kann man — und das ist eine entscheidende Schlußfolgerung für die Wissenschaftsmethodologie — im allgemeinen nur dann Erfolg bei der Untersuchung lebender Systeme erwarten, wenn die Wechselwirkungen ihre volle Berücksichtigung finden. Dieser Forderung kann man aber nur dadurch gerecht werden, daß der lebende Organismus in seiner Gesamtheit zur Untersuchung herangezogen wird. Hier zeigt sich, daß auch die Teil—Ganzes-Relation in verschiedener Tiefe verstanden werden kann.

Ein biologisches Objekt, ein Organismus, bzw. eine Organisation zeichnet sich in seiner Ganzheit durch eine Menge von beobachtbaren Qualitäten und Verhaltens- bzw. Funktionsweisen aus. Eine der wesentlichsten Fragestellungen der biologischen Grundlagenwissenschaften richtet sich auf die Erkenntnis der kausalen Ursachen charakteristischer Verhaltensweisen von Organisationen.

Betrachtet man die Organisation unter einem bestimmten Aspekt (einer bestimmten Zielvorstellung der Modellierung) als System, so kann dieses gedanklich und (unter gewissen Voraussetzungen auch) praktisch-experimentell in nächstkleinere Teilsysteme, die Elemente des betrachteten Systems, zerlegt werden. Die Verhaltensweisen des Systems werden dann bestimmt durch

1. die Anzahl und Art der Elemente des Systems, wobei jedes der Elemente durch eine Menge ihm eigener Funktionen charakterisiert ist und

2. die gegenseitige Verknüpfung der Elemente untereinander, die Struktur des Systems.

Erst die spezifische strukturelle Organisation gewisser funktionstüchtiger Elemente läßt das System zu einer Ganzheit werden, die spezifische Verhaltensweisen zeigt. Dabei bleibt zu betonen, daß weder die Kenntnis der Funktion der Elemente allein noch der Struktur des Systems allein eindeutige Aussagen über die Verhaltensweisen des Systems machen können. LANGE [28] hat diesen Tatbestand an linearen Systemen in aller Deutlichkeit herausgearbeitet. Aus seinen Untersuchungen ergeben sich u. a. die folgenden Tatsachen:

1. Die Bewegung, d. h. das zeitliche Verhalten des Systems, kann nur unter gleichzeitiger Kenntnis von Systemstrukturen und Funktionsweisen der Systemelemente erkannt werden.

2. Die Funktion der Elemente und die Systemstruktur sind einander nicht eindeutig zugeordnet. Ein bestimmtes Systemverhalten kann bei vorgegebener Menge und Art der Elemente innerhalb gewisser Grenzen (Ergodizitätsbereich des Systems) durch unterschiedliche Strukturen realisiert werden.

Dadurch wird zugleich im Bereich der jeweiligen Strukturmenge eine Entwicklung des Systems ermöglicht.

Das Prinzip der dynamischen Ganzheit ist ein wesentliches Moment eines modernen materialistischen und dialektischen Weltverständnisses. Es wird immer deutlicher, daß das Verhältnis von Teil und Ganzem in verschiedener Tiefe untersucht werden kann: Es lassen sich verschiedene Arten des Ganzen unterscheiden: systemtechnisches und organismisches Ganzes bzw. mechanisches und dialektisches Ganzes, wenn man die Unterscheidung stärker mit philosophischen Kategorien ausdrücken will (vgl. [2] S. 367 f.).

Der Vorschlag zur Erfassung dieser Beziehungen in unterschiedlicher Tiefe ist m. E. wesentlich. Er wird auch von anderen Autoren diskutiert wie BLAUBERG, SADOWSKI, JUDIN [29] und SETROW [30]. SETROW unterscheidet zwischen mechanischem Ganzen und organismischem Ganzen. Es ist hier deutlich die Verwandtschaft von organismisch und Organisation zu sehen.

Wie ANNE WESSEL [31] in ihrer gründlichen Analyse der gegenwärtigen Diskussion über die Kategorien Teil—Ganzes richtig hervorhebt, bedeutet der Vorschlag die Teil—Ganzes-Beziehung in unterschiedlicher Tiefe zu erfassen, einmal eine Differenzierung der in der objektiven Realität existierenden Ganzen und zum anderen eine Aussage über den Grad der Abstraktion. Es ist aber vor allem auch eine Aussage darüber, wie im Vorangegangenen schon angedeutet wurde, ob die neue Qualität nur eine Entfaltung von schon Vorgeformten ist oder wirklich echt Neues entsteht, eine wirklich neue Qualität erreicht wird, die nicht mehr völlig reduzierbar ist auf die ihr zugrundeliegenden Teilprozesse.

Beim systemtechnischen Ganzen stehen verschiedene Möglichkeiten noch nebeneinander, es überwiegt die selbständige Bewegung der Elemente. Beim organismi-

schen Ganzen hat sich ein Systemgesetz durchgesetzt, das die Bewegung aller Elemente mitbestimmt, die Teile werden vom Ganzen beherrscht.

Wie an anderer Stelle deutlich gemacht wurde ([2] S. 367 f.), liefert die Informationstheorie eine exakte Bestimmung des „mehr" des Ganzen gegenüber seinen Teilen. Die entsprechende Aussage der Informationstheorie lautet: der gesamte Informationsgehalt des Ganzen ist gleich der Summe der Informationsgehalte der Teile, wenn die Beschreibung jedes Teils alle möglichen Verbindungen mit anderen Teilen enthält. Das bedeutet, daß alle zur Wahl stehenden Möglichkeiten bekannt sein müssen.

Bei Lebewesen hat man es jedoch nicht mit einer bestimmten Gesamtheit von vornherein festgelegter Beziehungen zwischen den Teilen eines Ganzen zu tun, sondern mit *Möglichkeitsstrukturen.* Bei Lebewesen kann von Organisation gesprochen werden, einer ständigen Erzeugung und Nutzung von Informationen.

Es kann angenommen werden, daß beim dialektischen Ganzen der Informationsgehalt des Ganzen mehr ist als die Summe des Informationsgehaltes der Teile. Das Ganze kann also unterschiedlich verstanden werden, zum Beispiel:

1. Das mechanische Ganze — ist zerlegbar in Teile, jeder Teil sowie die Wechselbeziehungen der Teile untereinander bzw. mit der Umgebung werden für sich untersucht und dann wieder zusammengesetzt;

2. Das dialektische Ganze — ist dadurch charakterisiert, daß die Eigenschaften der Teile vom Ganzen mitbestimmt werden. Es gibt eine ganzheitliche Wechselwirkung innerhalb des Systems, so daß aus dem allgemeinen Zusammenhang isolierte Elemente wesentlichen Veränderungen unterliegen. [2]

Es zeigt sich in der Natur und in der Gesellschaft, speziell bei der Untersuchung der Lebewesen und des menschlichen Denkens u. a. auch beim Aufbau gesellschaftlicher Informationssysteme, daß wesentliche Eigenschaften der Systeme unberücksichtigt bleiben, wenn nur die Teile und die Wechselwirkung der Teile untereinander untersucht werden.

Schon die Berücksichtigung des mechanischen bzw. systemtechnischen Ganzen ist ein entscheidender Fortschritt, denn es ist ganz offensichtlich, daß in der überwiegenden Mehrzahl biologischer Experimente die Wechselwirkungen zwischen den Elementen des Systems nicht oder nur in ungenügendem Maße berücksichtigt werden. Rashevsky [32] hat in der Folge dieser Erkenntnis versucht, die Wechselwirkungen zur Grundlage einer Theorie des Organismus zu erheben. Dies kommt in seinem Prinzip der epimorphen Abbildung zum Ausdruck, d. h. Rashevsky hat erstmals bei der mathematischen Formalisierung biologischer Systeme von den klassischen Prinzipien Abstand genommen, nach denen stets die Funktion und deren kausale Beschreibung im Vordergrund der Betrachtung stand.

Mit der Entwicklung der sog. „relationalen Biologie" (Rosen [33]) ist, ausgehend von den Arbeiten von Rashevsky [32] der konsequente Versuch unternommen worden, die Organisation unter strenger Beachtung des Gesichtspunktes einer ganzheitlichen Betrachtungsweise in die Untersuchung biologischer Systeme einzubeziehen (Rashevsky [32], Laue [34], Rosen [33]). Dabei abstrahiert man von den konkreten materiellen Strukturen, der Realisierungsgrundlage der Funktion und geht von abstrakten Elementen aus, die durch ihre transformatorischen Eigenschaften zwischen Input- und Outputmenge charakterisiert sind. Die Organisation wird damit erfolgreich durch abstrakte Systeme beschrieben. Zum Untersuchungsgegenstand wird die (räumliche und zeitliche) Struktur der Elemente im Rahmen eines lebenden Systems in seiner Gesamtheit. Auf dieser Grundlage untersuchte Rashevsky [32] insbesondere die Entwicklung biologischer Systeme, Rosen [33] ihre Eigenerhaltung und Laue [34] die Bewertung der Systemelemente hinsichtlich ihrer Bedeutung für das Systemverhalten.

Als mathematisches Werkzeug finden bei diesen Untersuchungen Elemente der Graphentheorie, der Theorie der Kategorien und der allgemeinen Mengenlehre erfolgreich Anwendung. Das bedeutet aber, daß die mathematischen Formalisierungen biologischer Systeme und deren operationale Behandlung im wesentlichen auf der Basis von Relationsklassen unterschiedlicher Art erfolgten. Dabei treten sowohl die funktionellen Aspekte als auch die dinglichen Eigenschaften der Systeme in den Hintergrund des Interesses. Es ist daher nicht verwunderlich, daß man auf Schwierigkeiten stößt, wenn man versucht, die Ergebnisse dieser Untersuchungen in einer Synthese mit unseren Kenntnissen über die funktionellen Eigenschaften und die materielle Realisierung individueller biologischer Systeme zu vereinen. Solchen Schwierigkeiten hat W. Elsasser [35, 36] durch sein Prinzip der endlichen Klassen Ausdruck verliehen.

Die Ursachen für diese Schwierigkeiten liegen, wie Laue [26] herausgearbeitet hat, in folgenden Umständen:

1. Die relationalen Untersuchungen beziehen sich ihrem Charakter entsprechend in der Regel nicht auf das Individuum, sondern beschreiben Eigenschaften von Klassen von biologischen Systemen, dabei können die individuellen Mitglieder der Klassen sehr differenzierte materielle Realisierungen ihrer selbst aufweisen.

2. Relationale Untersuchungen haben primär die gegenseitigen Beziehungen von Systemelementen zum Untersuchungsgegenstand.

Die im Rahmen dieser Arbeiten notwendige Abstraktion von dem konkreten materiellen Objekt, seiner Struktur (im engeren Sinne) und seiner Funktion bringen es mit sich, daß die Relationen des Systems unbeabsichtigt eine gewisse Hypostasierung erfahren; ähnlich wie in der klassischen Biologie die konkrete materielle Struktur eine Überbewertung erfahren hat. Diese potentielle Gefahr wird akut, wenn — begünstigt durch hochkomprimierte und abstrakte mathematische Darstellungen — der nicht darauf Spezialisierte diese Zusammenhänge und Bezüge nicht mehr ohne weiteres erkennen kann [26]. Die Begrenzung des methodischen Ansatzes wird leicht übersehen und nicht daran gedacht, daß Abstraktion nicht Reduktion im Sinne der Zurückführung auf Elementarprozesse ist (vgl. [37]).

Es ist heute deutlich, daß der Weg der relationalen Biologie (mit methodisch geschärftem Blick) weiter beschritten werden muß, um über die Struktur biologischer Systeme umfassende Kenntnisse zu gewinnen. Aber es scheint ebenso klar, daß uns das Wesen des Lebens erst dann voll erkennbar wird, wenn das lebende System in dialektischer Einheit von Struktur und Funktion in der Kategorie der Organisation begriffen werden kann.

Die Dialektik des Erkenntnisprozesses führt dazu, daß im Vorwärtsschreiten zum Wesen 1. Ordnung, 2. Ordnung usw. [38], insbesondere im Rahmen hochkomplexer Systeme, diese aus ihrem wechselseitigen Zusammenhang herausgelöst werden müssen. So notwendig dieses Vorhaben ist, darf es jedoch nicht zur Hypostasierung einer Seite führen, sondern beide Seiten müssen auf einer gewissen Stufe der Erkenntnis eine Synthese bilden, die zur Erkenntnis des Wesens der Erscheinung führt.

Zur Überwindung begrenzter Denkweisen ist ein Verständnis dessen wichtig, was Erklären in der Biologie heißt.

1. Erklären im Sinne der Methode der Reduktion heißt Reduzieren der wissenschaftlichen Erklärung auf die Existenz und Wirkung von Elementen. Sie erreicht ihre Grenze dann, wenn es um das Verständnis von Organisationsphänomenen geht. Daher ist die Molekularbiologie auch nicht nur Physik und Chemie, sondern auch und gerade Anwendung der Kybernetik in der Biologie und damit

2. die Reduzierung der wissenschaftlichen Erklärung der Organisation auf die Existenz und Wirkung gesteuerter Element—Element-Beziehungen. Die Erkenntnisse der Molekularbiologie und speziell kybernetische Überlegungen auf diesem Gebiet zeigen, daß Lebewesen zumindest in erster Näherung als sich selbst bauende (autonome Morphogenese), sich selbst reproduzierende Maschinen (invariante Reproduktion) beschrieben werden können. Lebewesen sind Maschinen jedoch nur insofern, als man von der inneren Widersprüchlichkeit, der realen Entwicklung, der Geschichtlichkeit abstrahieren kann. Zum Verständnis des realen Lebensprozesses ist es jedoch nicht möglich, von der spezifischen Selbstorganisation der lebenden Materie zu abstrahieren (vgl. [2] S. 18). Es sind gerade die Prozesse der Informationserzeugung, die nicht Gegenstand der Kybernetik sind, da von ihr die Existenz von Steuerungs- und (mit ihnen verbundenen) Informationsprozessen immer schon vorausgesetzt wird [10].

3. Erweiterung der wissenschaftlichen Erklärung von Organisationsphänomenen im Rahmen der Totalität der Wechselwirkungen erweist sich als erforderlich zum Verständnis lebendiger sich entwickelnder Organisation.

Wir können die zuvor diskutierte Beziehung des Ganzen zu seinen Teilen verstehen als eine solche Totalität der Wechselwirkungen. Mit der These von Karl Marx, der Mensch ist das „Ensemble der gesellschaftlichen Verhältnisse" ([39] S. 377), wird ebenfalls eine solche Totalität an Wechselwirkungen zum Ausdruck gebracht. Überall dort, wo derartige Phänomene sich entwickelnder Organisation in Betracht gezogen werden müssen, kann wissenschaftliches Erklären nicht auf den ersten und auch nicht auf den zweiten Schritt allein beschränkt bleiben. Erklären in der Biologie muß nicht immer, aber kann durchaus bedeuten, daß man alle drei Stufen durchlaufen muß.

Es werden Methoden erforderlich und müssen entwickelt werden, die es gestatten, vom experimentell isolierten Element zur Bewegung der Elemente im Ensemble zu kommen. Es geht um Methoden zur Beschreibung der Bewegung der Bausteine in der Totalität (im „Feld“) aller anderen Bausteine. [24]

ENGELS weist uns mit seinen Ausführungen in der Dialektik der Natur den Weg zu einem Verständnis des Wesens des Lebenden in seiner dialektischen Einheit und Widersprüchlichkeit von Struktur und Funktion, Teil und Ganzem, Labilität und Stabilität. ENGELS schreibt:

„Die Wechselwirkung schließt jedes absolut Primäre und absolut Sekundäre aus; aber ebenso sehr ist sie ein doppelseitiger Prozeß, der seiner Natur nach von zwei verschiedenen Standpunkten betrachtet werden kann; um als Gesamtheit verstanden zu werden, muß sie sogar nacheinander von beiden Standpunkten aus untersucht werden, ehe das Gesamtresultat zusammengefaßt werden kann. Halten wir aber einen Standpunkt einseitig als den absoluten fest gegenüber dem anderen, oder springen willkürlich, je nach dem momentanen Bedürfnis des Räsonnements, über von dem einen auf den anderen, so bleiben wir befangen in der Einseitigkeit des metaphysischen Denkens; der Zusammenhang entgeht uns, und wir verwickeln uns in einen Widerspruch über den anderen.“ [40]

4. Zum Charakter der physikalischen Grundgesetze und Begrenztheit der reduktionalistischen Konzeption

Die Position des weltanschaulichen Reduktionismus wurde treffend durch folgende Worte von ALBERT EINSTEIN charakterisiert. Er schrieb: „Nun zum Gebiet der Physik, wie es sich heute darstellt. Trotz aller Fruchtbarkeit im Speziellen, besteht eine dogmatische Strenge hinsichtlich der Prinzipien. Am Anfang (wenn es so etwas gegeben hat), schuf Gott die NEWTONschen Gesetze der Bewegung mit den notwendigen Massen und Kräften. Das ist alles: alles darüberhinausgehende folgt aus der Entwicklung entsprechender mathematischer Methoden und vermittels Deduktion.“ [41]

Die prinzipielle Position des Reduktionalisten bzw. Reduktionisten heute ist die gleiche, nur, daß heute zu den NEWTONschen Gesetzen die MAXWELLgleichung und die SCHRÖDINGERgleichung und einige weitere Gesetze hinzukommen. Die eigentliche Haltung „alles darüberhinausgehende folgt aus der Entwicklung entsprechender mathematischer Methoden und vermittels Deduktion“ hat sich auch heute nicht geändert. Aber schon aus dem Charakter der physikalischen Grundgesetze selbst läßt sich jedoch eindeutig nachweisen, daß diese Haltung nicht richtig ist. Zur Klärung des Verhältnisses von Physik und Biologie, der Frage, ob letztlich alles durch die Theorie der Physik und Chemie vollständig zu erfassen ist oder ob diese begrenzt ist, muß man nach den Naturgesetzen selbst, nach ihrem inneren Zusammenhang fragen.

Wir wollen hier die Konzeption vertreten, daß die spezifische Struktur, die spezifische Dynamik und Organisation in Verbindung mit den allgemeingültigen physikalischen Grundgesetzen die besondere Qualität des Lebens hervorbringt (vgl. [17]).

Die Erfolge der Molekularbiologie zeigen, wie bereits gesagt, daß eine Zurückführung wesentlicher Lebensfunktionen auf physikalisch-chemische Prozesse möglich ist. Um dies verständlich zu machen, muß etwas über die hohe Abstraktionsstufe und den damit gegebenen hohen Grad an Allgemeingültigkeit physikalischer Grundgesetze gesagt werden. Die Grundgesetze der Physik sind allgemeingültig; daher können sie auch im Lebensgeschehen nicht verletzt werden. Die Aussage dieser Gesetze beispielsweise über Elektronen gilt immer, sobald Elektronen vorhanden sind. Damit ist völlig klar, daß in einer bestimmten Phase der Entwicklung der Biologie gerade die Erforschung der physikalischen und chemischen Aspekte des Lebensgeschehens zu entscheidenden Erkenntnissen führt. Dabei darf jedoch nicht die Begrenztheit der physikalischen Betrachtungsweise übersehen werden, die ebenfalls in ihrer Abstraktheit begründet liegt. Auf Grund ihrer Abstraktheit machen physikalische Gesetze also keine unmittelbaren Aussagen über konkrete materielle Systeme, weder über Atome noch über Lebewesen, sondern diese müssen erst aus den Gesetzen abgeleitet werden. Sie können daher in unterschiedlichen Bereichen der Wirklichkeit zu ganz unterschiedlichen Qualitäten führen, die dann wieder als spezifische — z. B. spezifisch chemische — Gesetze formuliert werden müssen. Aber auch im Rahmen des Begriffssystems der Physik selbst zeigt sich die Begrenztheit des Reduktionismus. Dies ist m. E. ganz entscheidend für die hier geführte Diskussion. Während sich in der Tat ein großer Teil der Naturwissenschaften mit der Reduktion bzw. Zurückführung makroskopisch beobachtbarer Erscheinungen auf mikroskopisch wirksame Gesetzmäßigkeiten beschäftigt, wird andererseits eine makroskopische Untersuchung kohärenter Systeme gegenwärtig gerade für die Biologie, aber ebenfalls für die Gesellschaftswissenschaften immer wichtiger.

Der Versuch eines ganzheitlichen Verständnisses, die Berücksichtigung von Systemgesetzen, führte, wie wir im vorangegangenen herausgearbeitet haben, zur Entwicklung der allgemeinen Systemtheorie und Kybernetik. Allgemeine Systemtheorie und Kybernetik beschäftigen sich aber beide bisher im wesentlichen mit der Stabilisierung eines gegebenen Zustandes durch negative Rückkopplung bzw. Homöostase. Der Begriff der Ultrastabilität von R. Ashby bezieht sich auf die Fähigkeit stufenweiser Anpassung an einen Gleichgewichtszustand.

In jüngster Zeit sind nun in dem speziellen Bereich der *Thermodynamik irreversibler Prozesse* fern vom Gleichgewicht Gedanken und Prinzipien entwickelt worden, die eine entscheidende Weiterentwicklung des Systemdenkens darstellen bzw. zu einer wirklich vertieften organisationstheoretischen Sicht führen können. Die Untersuchungen der Brüsseler Schule um Prigogine machten klar, daß offene Systeme fern vom Gleichgewichtszustand unter bestimmten, genau angebbaren Bedingungen einem Prinzip makroskopischer Ordnung gehorchen können, wodurch das nahe dem Gleichgewichtszustand herrschende thermodynamische Prinzip abgelöst wird. Die entwickelten Prinzipien ermöglichen es, die Entstehung neuer Strukturen durch positive Rückkopplung bzw. Verstärkung von Fluktuationen zu verstehen. Es geht also nicht mehr um die Frage, wie Stabilität erhalten werden kann, sondern es geht um das Wechselspiel von Stabilität und Instabilität, das erst Qualitätsumschläge mit der Entstehung von echt Neuem ermöglicht.

Man ist heute immer stärker der Auffassung, daß die allgemeinen Prinzipien überall Anwendung finden können, wo es sich um kooperative Prozesse handelt, es um den Aufbau bzw. Entwicklung und Aufrechterhaltung von Ordnung geht.

Was bedeutet dies nun für das Problem des Reduktionismus?

Der klassische Mechanizismus machte seine Aussagen in Begriffen der Mechanik, durch Angabe von Ort und Geschwindigkeit von Teilchen. Er reduzierte die Welt auf die Raum—Zeit-Koordinaten materieller Punkte. Aber schon im 19. Jahrhundert entwickelte sich eine makroskopische Betrachtungsweise, die sich mit Populationen von Teilchen u. a. mit Molekülen beschäftigte. Sie faßte ihre Aussagen in Begriffe wie Druck und Temperatur, die Mittelwerte aus der Bewegung einer großen Anzahl von Molekülen darstellen. Diese Ebene der Beschreibung führte zu dem bekannten 2. Hauptsatz der Thermodynamik. Für diese neue Betrachtungsweise wird, im Gegensatz zur mechanischen Beschreibung, die Gerichtetheit bzw. Irreversibilität zeitlicher Abläufe kennzeichnend. Boltzmann interpretiert die Entropiezunahme als eine Entwicklung in Richtung auf einen wahrscheinlichsten Zustand maximaler Unordnung. Zur gleichen Zeit entwickelt sich jedoch im 19. Jahrhundert die Theorie der biologischen Evolution, die den Begriff der Zeit mit der Entstehung neuer Strukturen, mit fortschreitender Differenzierung verbindet. Mit dieser Entwicklung wurde eine dritte Untersuchungsebene eingeführt, die als Ebene der sich entwickelnden Systeme bezeichnet werden kann [42].

Das Entscheidende ist nun, daß zum Verständnis der objektiven Realität *zumindest diese drei Untersuchungsebenen bzw. Betrachtungsweisen erforderlich sind.* Die verschiedenen Untersuchungsebenen sind nicht aufeinander zu reduzieren, da die Übergänge zwischen ihnen durch Symmetriebrüche charakterisiert sind.

1. Der Übergang von der mechanischen zur thermodynamischen Ebene ist charakterisiert durch die Irreversibilität und damit durch den Bruch der Zeitsymmetrie. Während in klassischen mechanischen Systemen eine Symmetrie zwischen Vergangenheit und Zukunft noch besteht, ist nun die Richtung der Zeit unumkehrbar, d. h. aus einer uniformen Verteilung in der Vergangenheit kann von allein keine nichtuniforme entstehen.

2. Um die Selbstorganisation sich entwickelnder Systeme zu verstehen, ist ein neues Ordnungsprinzip erforderlich. Sie setzt die Instabilität der thermodynamischen Ordnung voraus. Dies führt zum Bruch zeitlicher und räumlicher Symmetrien. Während man zuvor den Ungleichgewichtszuständen nicht so viel Aufmerksamkeit schenkte bzw. als vorübergehende Störungen von Gleichgewichten behandelte, kann nun Prigogine und seine Schule zeigen, daß Ungleichgewichte eine Quelle von Ordnung bzw. Organisation sein können. Dieses neue Ordnungsprinzip wird Ordnung durch Schwankungen (Fluktuationen) genannt. Es wird eine Beschreibung der Phänomene der Strukturierung, der Selbstorganisation möglich [43].

Nach unserer Meinung [17] besteht also aller Grund zu der Annahme, daß die Grundgesetze der Materie, wie sie bisher von der Physik erschlossen wurden, es prinzipiell ermöglichen, die gesamte Vielfalt der Erscheinungen auch sehr komplexer Systeme zu begründen. Eine solche Begründung oder Rückführung sollte nicht als Reduktion auf eine niedere Bewegungsform der Materie bezeichnet werden. Die niederen Bewegungsformen enthalten tatsächlich nicht jene qualitativen Besonderheiten, die das Leben auszeichnet, sondern diese ergeben sich nur ebenfalls aus den nämlichen Grundgesetzen. So können beispielsweise auch die chemischen Prozesse nicht auf die Eigenschaften der Atome reduziert werden, sondern sowohl die Eigenschaften der Atome als auch die der chemischen Erscheinungen folgen aus den gleichen Grundgesetzen der Quantenmechanik, und dies ist etwas anderes.

Prigogine sagt dazu sehr treffend: „Mir gefällt das Wort reduzieren nicht sehr. Ich glaube, daß man die Probleme der Physik erweitern muß, so daß sie schließlich die komplexen biologischen Phänomene umfassen“ [22].

Wie zuvor gezeigt wurde, läßt sich diese Aussage noch verstärken, indem deutlich gemacht wird, daß die unterschiedlichen Betrachtungsebenen, die durch eine tiefere physikalische Begründung eingeführt werden, sich nicht aufeinander reduzieren lassen. Weiterhin ist noch ein wichtiger Umstand hervorzuheben, dem sicherlich nicht nur methodische sondern prinzipielle Bedeutung zukommt, obwohl er von den Physikern meist nicht betont wird. Es geht um den Tatbestand, daß man in der Physik aus den Grundgesetzen allein die konkrete biologische Struktur nicht vollständig deduzieren kann, das zu behandelnde materielle System muß im Hinblick auf die jeweilige Fragestellung stets durch bestimmte Anfangs- und Randbedingungen spezifiziert und mehr oder weniger konkretisiert werden. So kann beispielsweise die Frage, wie irgendwelche molekularen Strukturen als Träger der Erbinformation fungieren können und wie diese dann konkret aussehen werden, in dieser allgemeinen Form von der Physik nicht beantwortet werden. Dazu muß die konkrete Struktur der DNS vorausgesetzt werden. Man könnte nun einwenden, daß dies zwar praktisch unumgänglich sei, daß aber keine prinzipielle Unmöglichkeit einer solchen Deduktion der konkreten Strukturen und Gesetzmäßigkeiten der Biosphäre from first principles bestehe. Von der praktischen Unmöglichkeit ganz abgesehen, würde dies jedoch voraussetzen, daß die gesamte biologische Evolution, beginnend mit einer anorganischen Welt, das Produkt reiner Notwendigkeiten unter Ausschaltung des objektiven Zufalls wäre. Wir haben aber allen Grund anzunehmen, daß dies nicht so ist, daß es vielmehr in diesem Prozeß vielfältige Verzweigungspunkte gab, an denen mehrere Möglichkeiten objektiv real existieren, wovon jeweils nur eine verwirklicht wurde. Unter diesen Umständen aber gewinnt die Information über das im einzelnen zufällig Verwirklichte, d. h. die bloße Feststellung des Faktischen, prinzipielle Bedeutung und tritt gleichberechtigt neben die physikalischen Grundgesetze, die ja nur Aussagen über objektive Möglichkeiten machen können.

Für die Überwindung einer Konzeption des Reduktionalismus ist also die Beachtung der Grenzen der Abstraktion wichtig sowie vor allem die Feststellung, daß die Biosphäre prinzipiell nicht in all ihren Formen physikalisch deduzierbar ist, und daß daher das jetzt Faktische nur als eines von mehreren auf früheren Stufen noch Möglichen als gleichberechtigt zu den physikalischen Gesetzen hinzutritt, entscheidend (damit ist eingeschlossen, daß mit Hilfe physikalisch-chemischer Gesetze die Bedingungen erklärt werden müssen, die für die Herausbildung komplexer Strukturen erforderlich sind, mit denen die spezifische Qualität der biologischen Bewegungsform verbunden ist).

Mit dem Übergang zu hochkomplexen Systemen treten zusätzlich determinierende Faktoren auf, wie z. B. informationelle Zusammenhänge und Prinzipien, die zwar nicht die Gültigkeit der quantenmechanischen Gesetze, aber die Vielfalt der nach ihren Gesetzmäßigkeiten möglichen Zustände und Entwicklungen einschränken.

Biochemie, Molekularbiologie und Kybernetik machen endgültig klar, daß es keine Kluft zwischen nicht lebender und lebender Natur gibt. Das bedeutet jedoch nicht, die Lebensprozesse besäßen gegenüber den „rein" physikalisch-chemischen Prozessen keine Spezifik. Die biologische Bewegungsform der Materie läßt sich als physikalisch-chemische Bewegungsform erklären, jedoch auf einer neuen, höheren Ebene der Komplexität (des Gesamtniveaus der Organisation) des Systems, einer stärkeren inneren Determination und damit qualitativ unterschieden von der einfachen physikalisch-chemischen Bewegung der Materie. Die biologischen Gesetzmäßigkeiten widersprechen nicht den einfachen Gesetzen des Verhaltens auf der niederen Ebene, lassen sich jedoch auch nicht auf diese reduzieren, da sie gegenüber den einfacheren physikalisch-chemischen Gesetzen integralen Charakter tragen. Sie umfassen diese, sie schränken die Vielzahl der Möglichkeiten der physikalisch-chemischen Bewegungsform der Materie ein, woraus sich neue Möglichkeiten der Weiterentwicklung ergeben.

Ein dialektisch-materialistisches Verständnis der engen Beziehungen zwischen Physik, Chemie und Biologie steht sowohl dem Vitalismus als auch dem Mechanizismus bzw. Reduktionalismus entgegen. Es muß jedoch auch hinausgehen über die Konzeption der „verallgemeinerten Komplementarität" von Bohr, derzufolge biologische Gesetze als Ergänzungen physikalisch-chemischer Gesetze zu verstehen sind. Spezifische Struktur und damit verbundene charakteristische Zeiten, Ganzheit, Komplexität und Variabilität sind für das Lebende charakteristisch; sie sind jedoch nicht etwas Zusätzliches, sondern etwas, das den „rein" physikalischen Prozeß modifiziert.

In ähnlicher Weise wie hier das Verhältnis zwischen Physik, Chemie und Biologie gesehen wird, ist m. E. auch das Verhältnis zwischen Ethologie bzw. biologischer Verhaltensforschung und den Wissenschaften vom Menschen zu verstehen.

Wenn das durch die Entwicklung der Molekularbiologie so erfolgreiche Konzept der Rückführung allgemeine Bedeutung für die Wissenschaftsentwicklung hat, so muß erwartet werden, daß dies auch bei anderen Wissenschaften zu einer wesentlichen Qualitätserhöhung führen kann. Sucht man nach Möglichkeiten des regulierenden Eingriffs in das Verhalten von Gruppen und Sozietäten, so muß man auch Erkenntnisse über das Verhalten von Einzelindividuen besitzen. So wie erst durch die Atomtheorie sich aus der Alchemie die exakte Wissenschaft Chemie entwickelte, wie durch Anwendung von Physik, Chemie und Kybernetik der Weg von einer deskriptiven Biologie zur Molekularbiologie führte, so kann (nach unserer allgemeinen wissenschaftstheoretischen Schlußfolgerung zur Bedeutung des Prinzips der Rückführung) man erwarten, daß auch die Wissenschaften vom Menschen zu entscheidenden Fortschritten kommen werden, wenn sie auf gesicherten Erkenntnissen der Ethologie aufbauen können. Auch hier ist also die Methode der Reduktion unbedingt erforderlich, der Reduktionismus als Theorie jedoch zu eng. wollen wir den Menschen als Teil der Natur und primär gesellschaftlichen Wesen verstehen, was im Folgenden noch näher untersucht werden soll.

3. *Zum biosozialen Problem und zur Einheit verschiedener Erkenntnismethoden bei der Erforschung menschlichen Verhaltens*

Der Mensch ist Teil der Natur und primär gesellschaftliches Wesen. Von allen Lebewesen entwickelt sich allein der Mensch vom lebenden Organismus zur Persönlichkeit. Allein der Mensch stellt eine Persönlichkeit in der Gemeinschaft dar. Die Spezifik des Menschen kann einmal geleugnet werden, wie dies für mechanistische bzw. biologistische Konzeptionen charakteristisch ist. Sie wird aber oftmals auch nur postuliert, der Mensch wird dann als ein besonderes Wesen angesehen, aber damit aus der Sphäre wissenschaftlicher Forschung herausgenommen. Uns kann es nur darum gehen, die Besonderheit des Menschen als Träger einer neuen Bewegungsform der Materie aus dem Wesen des Trägers selbst und seiner Wechselwirkungen zu erklären. Es gilt also, die zugrundeliegenden biologischen Prozesse aufzuklären, und aus ihrer Wechselbeziehung und Wechselbeziehung mit der sozialen Umwelt den qualitativen Sprung konkret nachzuweisen. Dazu muß man sich generell fragen, wie vollzieht sich der Übergang von einer niederen zu einer höheren Bewegungsform der Materie, gibt es hierfür generelle Prinzipien?

Die bisherige Diskussion um das biosoziale Problem bleibt u. E. noch weiterhin in der Gegenüberstellung von biologischen und gesellschaftlichen Prozessen stehen, und das Problem ist noch nicht gelöst. In der Literatur findet man die verschiedensten Standpunkte.

1. das biologistische Extrem bzw. Reduktionalismus,
2. die Verabsolutierung der sozialen Determination des Menschen,
3. dualistische Konzeptionen (sowohl als auch),
4. verschiedene Versuche einer dialektischen Lösung.

Die Versuche einer dialektischen Lösung geben der Forschung auf diesem Gebiet wesentliche Orientierungen indem sie auf die generelle Richtung der Lösung und auf die Notwendigkeit der Überwindung der extremen Standpunkte hinweisen, führen jedoch oftmals nicht wesentlich über ein „sowohl als auch“ hinaus und können daher u. E. bisher nicht befriedigen.

Das Zusammenspiel biologischer, psychischer, gesellschaftlicher Prozesse im menschlichen Lebensprozeß wird heute weithin anerkannt, es geht jedoch um die Aufklärung des konkreten Zusammenhangs. Der menschliche Lebensprozeß ist Ausdruck der dialektischen Aufhebung der biologischen Bewegungsform in der höheren gesellschaftlichen Bewegungsform der Materie.

Mit dem Verständnis des menschlichen Lebensprozesses als eines sozial-biologichen Prozesses, wird deutlich, daß die biologischen Komponenten ein integraler Bestandteil des menschlichen Wesens sind, daß sie mit den sozialen Komponenten in Wechselbeziehung stehen. Unser Verständnis der biologischen Organisation, ihrer stofflichen, energetischen und informationellen Eigenschaften, der biologischen Widerspiegelung und Anpassung zeigen, daß der Mensch als biologisches Wesen strukturell und funktionell Gesetzmäßigkeiten unterworfen ist, die der lebenden Materie eigen sind. Der Mensch ist ein Glied in der strukturellen Differenzierung und Organisation der lebenden Materie — Organismus, Art, Biozönose, Biosphäre. Solange der Mensch existiert, wird er Teil der natürlichen Kreisläufe sein, und daher ist Erkenntnis der Beherrschung der biologischen Prozesse ein Teil der Erkenntnis der Gesellschaft und unser selbst.

Der Mensch ist als Organimus aus Zellen, Organen und Organsystemen aufgebaut, für die bestimmte Funktionen charakteristisch sind. Auf der Grundlage derselben allgemeinen Gesetzmäßigkeiten verlaufen auf der subzellularen Ebene die Vererbungs- und Veränderungsprozesse, die Prozesse der frühen Embryogenese.

Jedoch, und das ist für unsere Diskussion von entscheidender Bedeutung, erschöpft sich das Biologische im Menschen nicht in dem Gemeinsamen in der biologischen Organisation des Menschen und der Tiere. Das Biologische im Menschen ist auch durch solche Strukturen charakterisiert, die nur ihm eigen sind und durch die sich der Mensch von den Tieren unterscheidet. Ihre Herausbildung ist eine Seite der Geschichte des Menschen. „Die Menschen beginnen, sich vom Tier zu unterscheiden, sobald sie anfangen, ihre Lebensmittel zu produzieren, ein Schritt, der durch ihre körperliche Organisation bedingt ist.“ [39]

Sprechen wir von dem Übergang von einer Entwicklungsstufe der Materie zur nächst höheren, so sind (vgl. [13]) hier folgende zwei Fragen zu klären: 1. Welcher Widerspruch setzt die Grenzen der biologischen Entwicklung. 2. Welche Gesetzmäßigkeit, die schon gesellschaftlicher Natur sein muß, kann sich auf einer hohen Stufe der biologischen Entwicklung anbahnen und den Prozeß der Entstehung des Menschen einleiten.

Der begrenzende Widerspruch scheint der zwischen Anpassungsfähigkeit und Anpassung durch biologische Spezialisierung zu sein. Je perfekter die spezialisierte Anpassung an eine bestimmte Umwelt erfolgt, um so schwieriger ist die Umstellung auf sich verändernde Bedingungen. Viele Tiere sind ausgestorben, weil mit der erfolgten Anpassung die weitere Anpassungsfähigkeit verloren ging.

In diesem Zusammenhang sind die Gedanken von F. ENGELS zur Theorie CH. DARWINS von Interesse. Er schreibt: „Hauptsache, daß jeder Fortschritt in der organischen Entwicklung zugleich ein Rückschritt, indem er *einseitige* Entwicklung fixiert, die Möglichkeit der Entwicklung in vielen anderen Richtungen ausschließt. Dies aber Grund*gesetz*“ [40].

Die Anpassungsfähigkeit als biologische Potenz wird durch die erfolgreiche Anpassung realisiert, was zugleich ihre Negation als Möglichkeit bedeutet. Dieser Widerspruch führt in der Evolution zu immer spezialisierteren Formen oder zu ihrem Aussterben. Mit der Entstehung des Menschen wird dieser Widerspruch gelöst, und zwar durch das Werkzeug in der menschlichen Hand, als Synthese von Spezialisierung und Anpassung [13].

Auch Tiere benutzen zufällig einen Stein oder Stock. Es ist jedoch kaum anzunehmen, daß natürliche Auslese allein die Ursache des sich wechselseitig bedingenden Prozesses der Herausbildung der Hand, des Werkzeuges, der Sprache und des Gehirns, sozialer Produktion und Organisation war, der zur Entstehung des Menschen geführt hat. Ein solcher Prozeß konnte erst auf der Grundlage eines Gesetzes der gesellschaftlichen Überlieferung erfolgen, schreibt K. FUCHS [13], wie er unter anderem in den Werkzeugen und in der Differenzierung der Arbeitsorganisation zum Ausdruck kommt.

Wie mit der Entstehung des Lebens die Möglichkeiten des rein physikalisch chemischen Prozesses begrenzender Faktoren, wie die Information sowie Wirkung des Ganzen auf die Teile auftritt, so treten auch mit der Entstehung des Menschen die Möglichkeiten biologischer Verhaltensweisen begrenzende Faktoren auf, *insbesondere der Wille des sich bewußtgewordenen Menschen.*

Die systemimmanente Befähigung zur Bewertung wird generalisiert und gegenüber der biologischen Bewertung am Erfolg auf eine höhere Stufe gehoben, indem nun eine Bewertung der Verhaltensweisen bezogen auf die Funktion erfolgt. Zu den Bewertungskriterien kommen neu auch ästhetische. Das ist ein für unser Thema entscheidender Gedanke, den wir schon beim jungen MARX in den Ökonomisch-philosophischen Manuskripten finden. Er schrieb:

„Das Tier formiert nur nach dem Maß und dem Bedürfnis der species (Gattung), der es angehört, während der Mensch nach dem Maß jeder species zu produzieren weiß und überall das inhärente Maß dem Gegenstand anzulegen weiß; der Mensch formiert daher auch nach den Gesetzen der Schönheit“ [44].

Auch die Antriebe werden immer vielfältiger. Entscheidend werden durch Bedürfnisse gelenkte Motive als Antriebe menschlichen Verhaltens. Der Wille, die bedürfnisgelenkten Motive als Antriebe sind um so effektiver, je tiefer die Kenntnis des Menschen über sich und seine natürliche und gesellschaftliche Umwelt ist. Hinzu kommt also eine weitere Determination, die bewußte Willensentscheidung des Menschen. Untersucht man also das Verhalten des Menschen, so wird deutlich, daß es (wie u. a. HASSENSTEIN herausgearbeitet hat) durch biologisch bedingte Verhaltenstendenzen z. B. Hunger, Schlafbedürfnis sowie durch freie, verantwortliche Willensentscheidungen gelenkt wird (vgl. [45]). Die Verhaltensbiologie erforscht die biologisch bedingten Verhaltenstendenzen, *denen der Mensch folgen kann, aber nicht folgen muß.* So kann man beispielsweise beim Menschen, wenn überhaupt, dann nur von einem prägungsähnlichen Lernen, wie R. Lempp [46], B. Hassenstein [45] deutlich gemacht haben — vgl. auch M. Fuchs-Kittowski [47] —, sprechen. Denn der Mensch, aber auch die Primaten, sind der Prägung nicht zwangsläufig ausgeliefert, wie die nestflüchtenden Vögel, an denen dieses Phänomen zuerst beobachtet wurde. Die verhaltensbiologischen Erkenntnisse machen deutlich und haben zu berücksichtigen, daß die menschlichen Lebensprozesse vom molekularen Niveau über die höheren Integrationsebenen bis zu den geistigen Prozessen und den Prozessen der menschlichen Gesellschaft reichen. Der menschliche Lebensprozeß stellt also eine Einheit von biologischen, psychischen und sozialen Prozessen dar ([48] S. 78 f.). Gerade in der gegenwärtigen Entwicklung der wissenschaftlich-technischen Revolution befindet sich die menschliche Gesellschaft (z. B. im Zusammenhang mit der Bewältigung der Probleme des Bevölkerungswachstums, der Umweltverschmutzung, der Gesundheit) in einer Situation, in der man der Verflechtung biologischer und sozialer Prozesse eine größere Beachtung schenken muß, da sonst eine Bewältigung dieser Probleme kaum möglich ist [49].

Auch hier stellt sich konsequenter Weise die Frage, wie weit es möglich sein wird, die komplexen Prozesse, die uns als Ganzheiten entgegentreten, auf die ihnen zugrundeliegenden Elementarprozesse, auf tiefere Strukturebenen zurückzuführen.

Ein entscheidender Ausgangspunkt solcher Überlegungen muß sein, *daß es biologische Komponenten menschlicher Bedürfnisse gibt.* So hat das frühkindliche Kontaktbedürfnis, der Bewegungsdrang und Wissensdurst sicher u. a. auch eine biologische Komponente. Gelegentlich wurde schon eine solche Feststellung als Biologismus bezeichnet. Unter Biologismus ist jedoch die philosophische Haltung bzw. der Versuch zu verstehen, das Wesen des Menschen, seine Stellung in der Welt aus biologischen Prinzipien allein zu erklären; gesellschaftliche Gesetzmäßigkeiten durch biologische zu ersetzen. Es wäre dagegen falsch, den Versuch, biologische Komponenten menschlicher Bedürfnisse und menschlicher Verhaltensweisen aufzuklären, als biologistisch zu diffamieren.

Die biologische Verhaltenforschung orientiert bewußt darauf, die biologischen Komponenten auch des menschlichen Verhaltens aufzuklären. Aus der Sicht des Marxismus-Leninismus verstehen wir den Menschen als das Ensemble seiner gesellschaftlichen Verhältnisse, in denen die biologischen Komponenten (biologischen Tendenzen) menschlicher Verhaltensweisen im dialektischen Sinne aufgehoben sind.

Die These, die es im Zusammenhang mit der Herausbildung der Fruchtbarkeit und Grenzen der Methode der Reduktion (vom verhaltensbiologischen bis zum molekularbiologischen Ansatz) zu vertreten gilt, ist also: *Biologische Komponenten sind integrierter Bestandteil menschlichen Wesens, sie sind in der menschlichen Gesellschaft im dialektischen Sinne aufgehoben.*

Mit dieser These wird deutlich gesagt, daß biologische Komponenten im menschlichen Verhalten, bei menschlichen Bedürfnissen, nicht geleugnet werden dürfen, daß sie aber nicht allein bestimmend sind. Für das menschliche Verhalten ist die Tatsache primär, daß es einer gesellschaftlichen Determination unterliegt, die vielmehr bestimmt wird vom Wesen des Menschen, Mensch unter Menschen zu sein. Die ursprünglichen Reaktionen und einfachen Verhaltensweisen der Lebewesen beruhen auf angeborenen Programmen, die es ermöglichen, in bestimmten immer wieder auftretenden Situationen die erforderlichen Verhaltensweisen rasch zu realisieren (z. B. Programme für die Ernährung, Vermehrung, Angriff und Flucht).

Durch bestimmte Reize ausgelöst laufen sie auf angeborene Weise ab und bieten in dieser Situation die beste Möglichkeit des Überlebens.[5]

Eine grundsätzlich neue Stufe der Entwicklung wird mit der Fähigkeit zum Lernen erreicht (Vgl. K. Lorenz [51]), d. h. mit der Möglichkeit durch Umwelterfahrung die Programme selbst zu verändern, damit wird das Lebewesen schrittweise immer mehr an der Ausführung des Programms selbst beteiligt. Die Grundlagen der Verhaltensforschung und insbesondere die Differenzierung verschiedener Lernprozesse wurde eingehend von G. Tembrock [52, 53, 54] dargelegt. Lernen setzt eine Bewertung voraus. So werden die verschiedenen Verhaltensweisen mit bestimmten Gefühlen (wie Lust beim Essen, Angst bei der Flucht) verbunden. Die erregten Gefühle stellen also eine Information über Erfolg oder Mißerfolg einer bestimmten Verhaltensweise dar. Diese Entwicklung führt dann bis zur Ausbildung des Bewußtseins in seiner für den Menschen typischen Form mit der Fähigkeit, Denkprozesse zu vollziehen und der damit gegebenen Möglichkeit über die angeborenen und durch einfache Lernprozesse modifizierten Programme hinauszugehen, wenn erforderlich, neue Programme zu entwerfen und sie mit anderen möglichen Programmen zu vergleichen und somit ein aktives, schöpferisches Verhalten zu entwickeln.[6]

Die menschliche Psyche ist in vielen Aspekten von der des Tieres unterscheidbar. Aber, und das ist für unsere Diskussion hier das Entscheidende, es läßt sich eine Anzahl von Bereichen aufzeigen, für die man beim Tier durchaus vereinfachte Modelle menschlichen Verhaltens auffinden kann. Solche vereinfachenden Modelle erweisen sich schon deshalb als nützlich, da die Anwendung experimenteller Methoden beim Menschen oftmals nicht möglich ist, die jedoch beim Tier angewandt werden können.

Die Gründer der Ethologie K. Lorenz und N. Tinbergen betonen vor allem die Bedeutung der Verhaltensbeobachtung des Tieres, ohne dabei jedoch experimentelle Möglichkeiten zu vernachlässigen, so daß sich hier die klassische Tierpsychologie mit ihren experimentellen Methoden in Laboratoriumssituationen und eine Verhaltensbeobachtung in einer möglichst natürlichen Umwelt des Tieres wechselseitig ergänzen.

Die Tatsache, daß man vereinfachte Modelle menschlichen Verhaltens beim Tier auffinden kann und sie eine wichtige heuristische Funktion haben können, sollte jedoch nicht zu solchen reduktionistischen Formulierungen verleiten, wie sie z. B. N. Tinbergen 1951 ausgesprochen hat: „Auch der Mensch ist ein Tier. Es ist eine beachtliche und in vieler Hinsicht einzigartige Art, aber ein Tier ist er doch. In Bau und Funktionen des Herzens, des Blutes, der Eingeweide, Nieren usw. gleicht er anderen Tieren, besonders Wirbeltieren" [57]. Niemand wird heute die Ergebnisse der Paläontologie, der vergleichenden Anatomie sowie der Entwicklungsgeschichte bezweifeln, die die stammesgeschichtliche Verwandtschaft der Wirbeltiere und des Menschen eindeutig erwiesen haben. Wogegen wir uns wenden, ist der philosophische Reduktionismus, der mit solchen Formulierungen, wie der „Mensch ist doch ein Tier" zum Ausdruck gebracht wird. Aufgrund der grausamen Geschehnisse während des Faschismus, des Rassenwahns und der Vernichtung sogenannten „unwerten Lebens" haben wir allen Grund, empfindlich auf jede Form der Zerstörung des Menschseins, der Reduktion der Menschen auf das Tier, zu reagieren, auch wenn dies jetzt im Namen moderner Wissenschaft geschieht. Hier tragen alle Biowissenschaftler eine hohe Verantwortung. Sie müssen darauf achten, daß sie nicht durch reaktionär deutbare Formulierungen einem solchen Mißbrauch Vorschub leisten, und es muß erwartet werden, daß sie dort, wo dies mit ihren Ergebnissen geschieht, sich eindeutig davon distanzieren und dem entgegentreten. Sehr klar sagt z. B. S. E. Luria, wo der Biologismus beginnt und worin seine Gefahren für uns alle liegen. Er schreibt: „Einige Autoren, die sich mit der vergleichenden Verhaltensforschung befassen, haben die These geäußert, die menschliche Aggressivität, die Inhumanität, die der Mensch im Krieg und in anderen Situationen gegenüber dem Menschen zeige, sei die Äußerung eines biologischen Wesenszuges und entspreche den aggressiven Verhaltensweisen, wie sie bei zahlreichen Tierarten zu beobachten seien. In einem wissenschaftlich nicht gerechtfertigten Gedankensprung haben die Vertreter dieser Thesen in verschiedener Form sodann die Schlußfolgerung gezogen, daß Krieg, Kriminalität und Rassenhaß Äußerungen eines unbezwingbaren biologischen Dranges seien. Eine derartige Argumentation ist weder biologisch begründbar noch soziologisch aufgeklärt" [58]. Luria kommt dann zu der bemerkenswerten Feststellung: „Gewiß ist das menschliche Verhalten teilweise biologisch determiniert, doch das bedeutet nicht, daß es dem tierischen Verhalten analog wäre. Kulturelle und gesellschaftliche Faktoren sind von überragender Bedeutung. Die Aggression in der menschlichen Gesellschaft ist nicht so sehr auf biologische Imperative als vielmehr auf einen soziologischen Imperialismus zurückzuführen — also auf die Organisation der Gesellschaft selbst. Mit Hilfe von Theorien, welche die Uneinigkeit unter den Menschen auf biologische Faktoren zurückführen, können rassische und nationale Konflikte allzuleicht pseudowissenschaftlich erklärt und gerechtfertigt werden, und es kann allzu leicht aus ihnen gefolgert werden, daß solche Konflikte sich nicht durch Erziehung und nicht durch gemeinschaftliche Willensbildung verhindern lassen, sondern nur, indem man angeblich höherwertige Genotypen bevorzugt. Ein derartiger fatalistischer ‚Biologismus' findet in der ernstzunehmenden Biologie keine Rechtfertigung" [58]. Der Mensch ist eben doch kein Tier. Für den realen Humanismus ist der Mensch das Maß für den Menschen. Dem Menschen gebührt aufgrund seines Menschseins eine besondere Achtung.

Die Ethologie kann und soll nicht vor dem Menschen halt machen. Zum Verständnis menschlichen Verhaltens sind jedoch noch weitere Erfahrungsbereiche einzubeziehen. Hier wird es eine Vielzahl unterschiedlicher Methoden und Herangehensweisen geben müssen. So ist schon im Begriff des menschlichen Verhaltens ein innerer und ein äußerer Aspekt angesprochen. Während der innere Aspekt nach einer intensionalen Erklärung bzw. Verständnis verlangt, ist es im wesentlichen der äußere, den man verhaltenswissenschaftlich beschreiben kann.

Menschliches Verhalten läßt sich in der Tat auch vom naturwissenschaftlichen Standpunkt aus betrachten. Man knüpft dabei gewöhnlich bei den Grundbedürfnissen, den Gefühlen und Leidenschaften der Menschen an. Diese Triebkräfte werden dann mit makroskopisch beobachtbaren Verhaltensweisen des menschlichen Organismus verknüpft, und im letzten entscheidenden Schritt versucht man sie mit neurophysiologischen Prozessen, die im Gehirn des Menschen ablaufen, in Beziehung zu setzen.[7]

Zum Verständnis menschlichen Verhaltens sind aber noch weitere Methoden heranzuziehen. Auch für sie bleibt die Handlung des menschlichen Individuums unmittelbares Forschungsobjekt, jedoch versucht man hier nicht zu den ihnen zugrundeliegenden Gehirnprozessen vorzustoßen, sondern diejenigen Faktoren zu untersuchen, die das Verhalten der Individuen als Mitglied der menschlichen Gesellschaft, Klasse, Gruppe determinierten, beim Kind z. B. die familiären Haupt- und Nebenbedingungen (vgl. [47]). Das ist eine Methode, die zur Ergänzung zu den Methoden unbedingt herangezogen werden muß, bei denen der Mensch als Naturobjekt analysiert wird, will man menschliches Verhalten nicht allein auf tierisches reduzieren.

Man kann auf der Ebene des menschlichen Verhaltens gar nicht verstehen, was Ursache bzw. Verursachung heißt, wenn man nicht die Kategorie des „aktiven Handelns", des „absichtlich verändernden Eingreifens in die objektive Realität" hat.

Für die menschliche Natur sind verschiedene Aspekte bedeutsam

a) der allgemein-biologische Aspekt
b) der spezifisch menschlich-biologische Aspekt
c) die gesellschaftlichen Beziehungen und
d) der Persönlichkeitsaspekt dieser Beziehungen [61]

Wir haben also nicht nur deutlich zu machen, daß es biologische Komponenten im menschlichen Verhalten gibt, sondern es gibt auch biologische Komponenten, die für den Menschen spezifisch sind. Dieses spezifisch Mensch-Biologische ist deshalb biologisch, da es sich den Gesetzen der gesamten biologischen Organisation unterordnet. Es ist aber spezifisch menschlich, da es auch durch die sozialen Bedingungen determiniert wird [61].

Die Spezifik äußert sich u. a. in der biologischen Organisation des Neo-Kortex, in der Funktion des zweiten Signalsystems, in der biologischen Organisation von Hand, Mund u. a. Organen im Aufbau und Funktionieren des Anpassungsprozesses, des normalen und pathologischen Zustandes, hinsichtlich der auftretenden Krankheiten, in der Verlängerung der Lebensdauer des Menschen. Es ist also schon nicht richtig, die menschlich-biologische Spezifik mit dem Tierischen zu identifizieren. Wird diese Spezifik berücksichtigt, so wird die Grenze der Reduktion auf die tierische Organisation wesentlich schneller sichtbar. Zugleich wird jedoch deutlich, daß die biologische Verhaltensforschung, gerade indem sie die für den Menschen spezifischen biologischen Komponenten herausarbeitet, einen entscheidenden Beitrag in der Aufklärung der biologischen Grundlagen für das Gesellschaftlichsein des Menschen leistet. Sie zeigt die Möglichkeiten zur Herausbildung seiner spezifischen Qualität:

1. durch Vergleich können Einheit und der Unterschied zwischen menschlichen und tierischen Verhaltensweisen herausgearbeitet werden sowie die Verknüpfung der allgemeinen biologischen Organisation mit solchen Strukturen, die nur dem Menschen eigen sind.

2. durch konkrete Analyse des Anteils von ererbten und der durch Erfahrung erlernten Verhaltensweisen, die die biologischen Verhaltensweisen begrenzenden bzw. überformenden Bedingungen genauer bestimmen. *Denn es scheint deutlich zu werden, daß sich die spezifisch menschlichen Verhaltensweisen als eine Auswahl aus einer Vielzahl biologisch möglicher Verhaltensweisen ergeben.* Sie ergeben sich auf der Grundlage einer *zusätzlichen Determination, die sich aus dem Wesen des Menschen ergibt, Mensch unter Menschen zu sein.* Das was auf der unteren Ebene als Begrenzung erscheint, erweist sich auf der höheren Ebene als spezifische Qualität.

Das Soziale macht den Menschen zu einer qualitativ neuen Erscheinung in der lebenden Welt. Es lassen sich, wie gesagt, auch zwei Seiten des Sozialen im Menschen feststellen, einmal das Soziale als Resultat der Bemühungen der gesamten Gesellschaft, indem die spezifisch soziale Umwelt ständig reproduziert und angereichert wird und zum anderen als Resultat der Bemühungen der konkreten Individuen, indem sich konkrete menschliche Individuen in Persönlichkeiten verwandeln [61]. Grundlage beider Seiten des Sozialen bilden die Arbeitsfunktion des Menschen und die gesellschaftlichen Beziehungen. Die menschlichen Individuen treten als gesellschaftliche Wesen ins Leben, ihre individuelle Existenz ist außerhalb der gesellschaftlichen Bedingungen nicht möglich.

Wenn in dieser Weise differenziert wird, können auch die Wechselbeziehungen zwischen Biologischem und Sozialem genauer analysiert werden, lassen sich die Vorgänge (Mechanismen) von sozialen und biologischen Komponenten genauer kennzeichnen. Die Verbindung und Wechselwirkung zeigt sich auf verschiedenen Ebenen. Das Zusammenwirken zwischen biologischer und sozialer Bewegungsform [62, 63, 64] beginnt mit der Arbeitsfunktion.

Die charakterisierten Ebenen des Zusammenspiels finden ihren konkreten Ausdruck in den Wechselbeziehungen von sozialen Überlieferungen und dem genetischen Programm im Entwicklungsprozeß des Menschen (Fuchs [13], Steenbeck und Scheeler [65]).

Tierexperimente nehmen lediglich auf die allgemeine biologische Komponente des Menschen Bezug. Sie gewinnen jedoch bestimmte Bedeutung, um Hinweise und analoge Einsichten in menschliches Verhalten z. B. hinsichtlich möglicher Verhaltensstörungen beim Kind [66] zu erhalten. Verwiesen sei hier auf die Affenversuche zur Aufklärung der Depravation (heute werden auch Rehabilitationsprozesse einbezogen).

Berücksichtigen wir jedoch die verschiedenen Ebenen, so ist deutlich, daß aus Untersuchungsergebnissen über tierisches Verhalten nicht unmittelbar und direkt, d. h. ohne Vorbehalt auf menschliches Verhalten geschlossen werden kann. „Der Vergleich mit ähnlichen Vorgängen oder Erscheinungen beim Tier darf nicht zu einer ‚Gleichsetzung' führen", hebt E. Schmidt-Kolmer hervor. [67]

Die Verhaltensbiologie kann sich nicht, und sollte es nach dem Gesagten auch nicht, auf die Untersuchung tierischer Verhaltensweisen und Ergebnisse für die Landwirtschaft beschränken. Wenn wir den Menschen als Teil der Natur und primär gesellschaftliches Wesen verstehen, so sind auch die spezifisch menschlichen biologischen Grundlagen, die mit der Arbeitsfunktion beginnen, zu erforschen. Entsprechend unserer These, daß Reduktion als Methode notwendig, als theoretische Basis zu eng ist, müssen m. E. jedoch Erkenntnisse — sollen sie wirklich z. B. zur Gestaltung der frühkindlichen Entwicklung beitragen — eingeordnet werden in eine Theorie der Persönlichkeitsentwicklung, die auch die Spezifik menschlicher Entwicklungsprozesse, ihre gesellschaftliche Determination, in ihrer bio-sozialen Einheit berücksichtigt. Auch wenn der Mensch sich der Wirkung der biologischen Evolution nicht entziehen kann, so wird diese jedoch als bestimmende Gesetzmäßigkeit immer mehr zurückgedrängt. Die Tauglichkeit des Menschen für seine Umwelt wird also nicht durch Veränderung der genetischen Ausstattung der Menschheit erreicht, sondern indem die Umwelt verändert und entsprechend menschlichen Zwecken umgestaltet wird. „Mit dem Menschen" hebt Friedrich Engels hervor, „treten wir ein in die Geschichte. Auch die Tiere haben eine Geschichte, die ihrer Abstammung und allmählichen Entwicklung bis zum heutigen Stand. Aber diese Geschichte wird für sie gemacht, und so wie sie selbst daran teilnehmen, geschieht es ohne ihr Wissen und Wollen. Die Menschen dagegen, je mehr sie sich vom Tier im engeren Sinne entfernen, desto geringer wird der Einfluß unvorhergesehener Wirkungen, unkontrollierter Kräfte auf die Geschichte, desto genauer entspricht der geschichtliche Erfolg dem vorher festgestellten Zweck" ([40] S. 323).

Der qualitative Sprung wird durch einen neuen Freiheitsgrad, durch bewußte Entscheidung und bewußte Selbstbeherrschung erreicht. An die Stelle eines weitgehend genetisch, durch elementare Lernformen determinierten Verhaltens der Tiere, tritt beim Menschen ein durch Einsicht auf eine neue Ebene der Entscheidungsfindung gehobenes Verhalten.

Der Mensch kann auch ein dem Tier ähnliches Verhalten zeigen, indem er es auf bestimmte eingeübte bedingte Reflexe oder ihm von außen aufgedrängte Regeln gründet. Durch bewußte Entscheidung und bewußte Selbstbeherrschung kann er maschinenähnliches Verhalten und Verhaltensweisen, die ihm mehr als Tier denn als gesellschaftlichem Menschen entsprechen, überwinden.

Entsprechend unserer These, daß jeder Übergang zu einer höheren Bewegungsform der Materie mit einer stärkeren inneren Determination (die im Wesen der Träger der jeweiligen Bewegungsform begründet liegt) verbunden ist, wird der Übergang zu gesellschaftlicher Bewegungsform der Materie und ihre weitere Entwicklung auch immer mehr durch das Wesen des Menschen, Mensch unter Menschen zu sein, bestimmt. Wie mit der Entstehung des Lebens durch das dialektische Verhältnis zwischen biologischem Ganzen und seiner Teile, tritt auch hier ein weiterer determinierender Faktor auf [12].

Die bewußte Entscheidung und die bewußte Selbstbeherrschung sind um so effektiver, je umfassender die Kenntnisse des Menschen über die Gesetzmäßigkeiten von Natur und Gesellschaft sind und je tiefer das Verständnis seiner Mitmenschen und seiner selbst als gesellschaftliches Wesen ist.

Für interessante Diskussionen und Hinweise danke ich Prof. S. M. Rapoport, Prof. H. A. Rosenthal, Dr. Th. Hager sowie speziell bezüglich des letzten Abschnittes Prof. Schmidt-Kolmer und Prof. G. Tembrock.

2. *Literatur*

[1] Löther, R.: Das Reduktionismusproblem in der Biologie (in diesem Heft).

[2] Fuchs-Kittowski, K.: Probleme des Determinismus und der Kybernetik in der molekularen Biologie, Jena 1976.

[3] Crick, F.: Of molecules and men, University of Washington Press Seattle, Wash (1966).

[4] Kant, Immanuel: Kritik der reinen Vernunft, Halle 1899.

[5] Lenin, W. I.: Aus dem philosophischen Nachlaß, Berlin 1958.

[6] Leske, M.: Die Kategorie der Totalität in der marxistisch-leninistischen Dialektik, DZfPh Heft 3/1978.

[7] Glansdorff, P., Prigogine, I.: Thermodynamic Theory of Structure, Stability and Fluctuations, London 1971.

[8] Eigen, M.: Selforganisation of Matter and the Evolution of Biological Macromolecules, Naturwissenschaften Heft 10/1971.

[9] Eigen, M.: Die Evolution biologischer Makromoleküle, Festvortrag zur Jahresversammlung der Leopoldina 1969.

[10] Fuchs-Kittowski, K., Kaiser, H., Tschirschwitz, R. und Wenzlaff, B.: Information als Verhältnis zwischen physikalischer Wirkung und Organisation", Wiss. Zeitschrift der Humboldt-Universität, Gesell. W. Reihe Heft 5/1977.

[11] Rosenthal, S., Fuchs-Kittowski, K., Rosenthal, H. A., Rapoport, S. M.: Überlegungen zu den molekularbiologischen Grundlagen der Widerspiegelung, in: Molekularbiologie. Medizin, Philosophie, Wissenschaftsentwicklung, Berlin 1978.

[12] Vgl. Diskussion auf dem IV und V Kühlungsborner Kolloquium: Bellmann, Gross, Fuchs-Kittowski, Franz, Peil, Völz u. a. In: Information, Berlin 1976 und in: Diskretität und Stetigkeit von Lebensprozessen, Berlin 1977.

[13] Fuchs, K.: Über die Kategorie der Möglichkeit und die Entwicklungsstufen der Materie, DZfPh, Heft 4/1972.
[14] Monod, Jacques: Philosophische Fragen der modernen Biologie, in: Zufall und Notwendigkeit, München 1971.
[15] Rapoport, S. M.: Biologische Komponenten menschlicher Bedürfnisse und die zukünftige Entwicklung der Biologie, in: Molekularbiologie, Medizin, Wissenschaftsentwicklung, Philosophie, Berlin 1978.
[16] Bertalanffy, L. v.: An Outline of General System Theory, British Journal for the Philosophy of Science, Vol. I No 2/1960.
[17] Fuchs-Kittowski, K., Günther, K.: Probabilistische Gesetzmäßigkeit, Selbstorganisation und Evolution, in: Philosophische und ethische Probleme der Molekularbiologie, Berlin 1974.
[18] Engelgardt, V. A.: Integratismus — der Weg vom Einfachen zum Komplizierten bei der Erkenntnis der Lebenserscheinungen, in: Dialektik der modernen Naturwissenschaft, Berlin 1973.
[19] Rapoport, S. M.: Zur enzymatischen Regulation des Zellstoffwechsels, in: Forschen und Wirken, Festschrift zur 150-Jahrfeier der Humboldt-Universität zu Berlin, Berlin 1960.
[20] Karpinskaja, R. S.: Philosophie und Molekularbiologie, Berlin 1974. Steinmüller, K.: Die Maschinentheorie des Lebens — Philosophische Probleme des biologischen Mechanismus (Diss. A, Humboldt-Universität).
[21] Fuchs-Kittowski, K., Wenzlaff, B.: Logik und Rationalität sowie Konsequenzen für die Leitung des wissenschaftlichen Arbeitsprozesses, in: Probleme der Methodologie der Wissenschaft, Reihe Kolloquien des ITGOW der AdW der DDR, Heft 19 (Teil II), Potsdam 1976.
[22] Amery, Jean; Prigogine, Ilya: Die tragische Philosophie Jacques Monods: in: Sinn und Form, Heft 2/1972.
[23] Fuchs-Kittowski, K., Rosenthal, S.: Selbstorganisation und Evolution, in: Molekularbiologie, Medizin, Philosophie, Wissenschaftsentwicklung, Berlin 1978.
[24] Hager, Thomas: Das Prinzip der Selbstorganisation und seine heuristische Bedeutung in den Natur- und Gesellschaftswissenschaften (Veröffentlichung in Vorbereitung).
[25] Driesch, H.: Der Mensch und die Umwelt, Leipzig 1968.
[26] Fuchs-Kittowski, K., Laue, R.: Dialektik von Teil und Ganzem im lebenden Organismus (in der Organisation und das methodologische Vorgehen in der modernen Biologie), in: Materialien der Konferenz zu Problemen der Methodologie der Wissenschaft, Reihe Kolloquien des ITGOW der AdW der DDR, Heft 19 (Teil II), Potsdam 1976.
[27] v. Bertalanffy, L.: General System Theorie, New York 1968.
[28] Lange, O.: Ganzheit und Entwicklung in kybernetischer Sicht, Berlin 1967.
[29] Blauberg, I. V., Sadowski, V. N., Judin, E. G.: Systemnij podchod v sovremennoj nauke, in: Problemy metodologii sistemnogo issledovanija, Moskva 1970.
[30] Setrow, M. I.: Princip sistemnost' i ego osnovnye ponjatija, in: Problemy metodologii sistemnogo issledovanija, Moskva 1970.
[31] Wessel, A.: Bemerkungen zu den Kategorien Teil-Ganzes und ihres Verhältnisses zur Kategorie Gesetz, Wissensch. Zeitschr. der Humboldt-Universität Berlin, Math.-Nat. Reihe XXII (1973) 1.

[32] Rashevsky, N.: Mathematical Biophysics. Physico-Mathematical Foundations of Biologie, Vol. II, New York 1960.
[33] Rosen, R.: Relationale Biologie, Fortschr. exp. theor. Biophys., Bd. 15, 1972.
[34] Laue, R.: Elemente der Graphentheorie und ihre Anwendung in den biologischen Wissenschaften, Leipzig 1970.
[35] Elsasser, W. M.: The physical foundation of biology, London, New York 1958.
[36] Elsasser, W. M.: The Chief Abstractions of Biology, New York 1975.
[37] Sachse, H.: Einführung in die Kybernetik, Braunschweig 1971.
[38] Lenin, W. I.: Aus dem philosophischen Nachlaß, Berlin 1949.
[39] MEW, Ausgewählte Schriften, Bd. II, Berlin 1953, S. 21.
[40] MEW, Dialektik der Natur, Bd. 20, Berlin 1952, S. 327.
[41] Zitiert nach Schlipp, P. A.: Albert Einstein philosophischer scientist, erd. ed. Open Court, La Salle, III, 1970.
[42] Jantsch, E.: Design for Evolution, New York 1975.
[43] Ebeling, W.: Strukturbildung bei irreversiblen Prozessen, Leipzig 1970.
[44] MEW, Ökonomisch-philosophische Schriften, EB 1, Berlin 1958.
[45] Hassenstein, B.: Verhalten und Gesellschaft, Thesen zum VI. Kühlungsborner Kolloquium Philosophische und ethische Probleme der modernen Verhaltensforschung, 9.–12. 10. 1977 in Kühlungsborn.
[46] Lemp, R.: Eine Pathologie der psychischen Entwicklung, Bern 1975.
[47] Fuchs-Kittowski, Marlene: Zum Problem der Mutter-Kind-Beziehung in der frühen Kindheit unter besonderer Berücksichtigung psychoanalytischer und verhaltensbiologischer Betrachtungsweisen, in: VI. Kühlungsborner Kolloquium zu philosophischen und ethischen Problemen der modernen Verhaltensforschung 9.–12. 10. 1977, Berlin 1979.
[48] Rosenthal, S., Fuchs-Kittowski, K., Lickert, G.: Zu einigen ausgewählten Fragen der Umweltproblematik vom Standpunkt der prognostischen Studie des RF, Optimierung menschlicher Lebensprozesse – Medizin, Philosophie, Wissenschaftsentwicklung – Essays, Berlin 1978.
[49] Rapoport, S.: Die Rolle der biologischen Wissenschaften in der technisch-wissenschaftlichen Revolution und der Aufbau der sozialistisch-kommunistischen Gesellschaft, in: Molekularbiologie, Medizin, Philosophie, Wissenschaftentwicklung – Essays, Berlin 1978.
[50] Eibl-Eibesfeld, Irenäus: Der vorprogrammierte Mensch. Das Ererbte als bestimmender Faktor im menschlichen Verhalten, München 1976.
[51] Lorenz, Konrad: Die instinktiven Grundlagen menschlicher Kultur, in: Verhandlungen der Gesellschaft Deutscher Naturforscher und Ärzte (104. Versammlung in Wien) Berlin, New York 1967.
[52] Tembrock, G.: Verhaltensforschung – eine Einführung in die Tier-Ethologie, 2. Aufl., Jena 1964.
[53] Tembrock, G.: Biokommunikation, Bd. 1/2, Berlin 1971.
[54] Tembrock, G.: Wörterbuch der Verhaltensbiologie, Jena 1978.
[55] Skinner, B. F.: Beyond Freedom and Dignity, New York 1971.
[56] Wieser, W.: Genom und Gehirn, in: Information und Kommunikation in der Biologie, München 1972.
[57] Tinbergen, N.: Instinktlehre, Vergleichende Erforschung angeborenen Verhaltens, Berlin, Hamburg 1972, S. 195.

[58] LURIA, SALVADOR E.: Leben, das unvollendete Experiment, München, Zürich 1973, S. 181–182.
[59] KLIX, FRIEDHARD: Information und Verhalten, Kybernetische Aspekte der organismischen Informationsverarbeitung, in: Einführung in naturwissenschaftliche Grundlagen der Allgemeinen Psychologie, Berlin 1971.
[60] DÖRNER, DIETRICH: Die kognitive Organisation beim Problemlösen, Versuche zu einer kybernetischen Theorie der elementaren Informationsverarbeitungsprozesse beim Denken, Berlin, Stuttgart, Wien 1974.
[61] FUCHS-KITTOWSKI, MARLENE: Die Bedeutung der Persönlichkeitstheorie für die theoretischen und methodologischen Grundlagen der klinischen Psychologie, in: Zeitschrift für ärztliche Fortbildung, 71. Jg. (1977), Heft 10.
[62] KALAIKOW, I.: Soziales und Biologisches beim Menschen, Zur Sozialbiologie als neuer Wissenschaft DZPh, Heft 12, 1977.
[63] LÖTHER, R.: Biologie und Weltanschauung, Berlin 1974.
[64] STRASS, G.: Sozialanthropologie — Prämissen — Fakten — Probleme, Jena 1976.
[65] STEENBECK, M., SCHEELER, W.: Essay über den Einfluß von genetischem und gesellschaftlichem Erbe auf das Verhältnis Mensch—Gesellschaft, in: Deutsche Zeitschrift für Philosophie 21 (1973) 7.
[66] FUCHS-KITTOWSKI, MARLENE: Zum Problem der Mutter-Kind-Beziehung in der frühen Kindheit unter Berücksichtigung psycho-analytischer Betrachtungsweise, in: Klinische Psychologie, Berlin 1979.
[67] SCHMIDT-KOLMER, E.: Zur Dialektik des Biologischen und Sozialen in der frühen Kindheit. Pädiatrie und Grenzgebiete, 1978, Band 17, Heft 6.

Anmerkungen

1 Stark erweiterte Fassung des Diskussionsbeitrages zum Vortrag von Prof. Löther.

2 Mit dem Aufbau einer sozialistischen-kommunistischen Gesellschaft stellen wir uns ja die entscheidende Aufgabe, auf der Grundlage des gesellschaftlichen Eigentums an den Produktionsmitteln, die komplexen gesellschaftlichen Prozesse in die Hand zu bekommen, wie die Prozesse der Natur. — Durch Rückführung menschlicher Tätigkeiten auf maschinell ausführbare Operationen und ihre zweckmäßige Wiedereinordnung in den komplexen gesellschaftlichen Arbeitsprozeß z. B. kann dazu ein wesentlicher Beitrag geleistet werden. Alle hier diskutierten Probleme des Reduktionismus treten damit auch im gesellschaftlichen Bereich z. B. im Zusammenhang mit dem Einsatz moderner Informationstechnologie und der damit verbundenen Wissenschaftsentwicklung (Systemanalyse/Modellmethode) verstärkt auf.

3 Das Individuum ist schon ein gedanklich Isoliertes, da seine Merkmale im Ensemble entstehen. Werden bestimmte Handlungen des Individuums objektiviert und auf programmierbare Prozesse (formalisierte Operationen) reduziert, entsteht auch hier die Frage nach der Methode, wie man vom reduzierten Individuum wieder zum Individuum im Ensemble der gesellschaftlichen Verhältnisse kommt. Dies ist eine brennende Problematik beim Einsatz der Rechner und dem Aufbau von Simulationsmodellen zur Unterstützung der Theorienbildung und Lösung praktischer Probleme durch Unterstützung der Entscheidungsfindung für die verschiedensten Bereiche unseres gesellschaftlichen Lebens.

4 Die Vorstellung unveränderlicher Atome oder unveränderlicher logischer Elementareinheiten liegt auch der automatisierten Informationsverarbeitung zugrunde. So ist auch ein Rechenautomat nur ein Informationstransformator, er ist aus dieser Sicht ein Gerät, das in der Lage ist, verschlüsselte Informationen zu entschlüsseln. Bei der Verarbeitung oder Entschlüsselung fügt er der eingegebenen Information keine grundsätzlich neue hinzu, er ist nicht zur Informationsvermehrung, zu schöpferischen Leistungen befähigt. Zur erforderlichen Differenzierung des Neuen bei geistigen Prozessen (vgl. [21]).

5 Die vergleichende Verhaltensforschung der Tiere konnte zeigen, daß es exakt vorprogrammierte Bereiche des Verhaltens gibt (vgl. [50]) und daß die Tiere auch über angeborene Lernfähigkeit verfügen. Davon ausgehend führt die Methode der Reduktion und das Ideal der Atomistik auch zu der Frage, ob die instinktiven Verhaltensweisen, denen angeborene Programme zugrundeliegen, nicht bis auf die molekularen Grundlagen der Vererbung zurückgeführt werden können. Weiterhin kann, da die evolutionär entstandenen, angeborenen Programme einander weitgehend ähnlich sind, die Frage gestellt werden, ob nicht auch menschliches Verhalten in bestimmten Bereichen durch phylogenetische Lernprozesse vorprogrammiert ist.

Der Mensch würde dann in der Tat seiner Umwelt nicht als unbeschriebenes Blatt entgegentreten, sondern als ein eigenständiges System, dessen Verhalten auch in der phylogenetischen Entwicklung und nicht allein durch individuelle Lernprozesse geformt wurde. Dies widerspricht jeder primitiven Milieutheorie, gegen die sich Marx schon in seinen Thesen über Feuerbach (vgl. [39] S. 376/77) ausgesprochen hat.

6 So wenig wie man eine ewig gleiche menschliche Natur voraussetzen kann, kann eine beliebige Formbarkeit angenommen werden. Diese Aussage wendet sich also ebenso gegen die oftmals religiös stimulierte Vorstellung von der Unwandelbarkeit des Menschen, wie auch gegen die utopische Hoffnung einer beliebigen Formbarkeit, wie sie u. a. von extrem behavioristischen Positionen vertreten oder z. B. von Skinners Verhaltenstechnik unterstellt wird [55]. Eine solche Aussage kann jedoch nur die Richtung der Lösung des Problems angeben, die Notwendigkeit zur Überwindung der extremen Standpunkte verdeutlichen. Der Spielraum zwischen den Auffassungen, die nur eine gewisse Modifikation der extremen Positionen darstellen — „nicht ganz unwandelbar" und „nicht ganz beliebig formbar" — ist immer noch so groß, daß er, wie die gegenwärtige Diskussion der Probleme zeigt, immer noch eine große Zahl sich unterscheidender Standpunkte zuläßt. Heute wird also kaum noch jemand eine Tabula-rasa-Konzeption vertreten und ein solcher Vorwurf würde kaum jemanden treffen, und doch gibt es noch unterschiedliche Standpunkte in der Diskussion. Diese Frage der Formbarkeit muß auf dem Boden einer dialektisch-materialistischen Determinismuskonzeption diskutiert werden.

Es wird deutlich, daß die Erbanlagen wohl eine sehr große Anzahl eindeutiger Bestimmungsstücke enthalten, zugleich jedoch auch jene dem Zufall überlassene Variabilität, die die Voraussetzung für die genetische Anpassung ist, zum anderen gibt es eine gewisse Unbestimmtheit bei der Übersetzung der genetischen Information in die Struktur des erwachsenen Organismus, vor allem auch in der nervösen Struktur des Menschen mit seinem hochentwickelten Zentralnervensystem. Daraus folgt, daß das Verhalten des Menschen nicht eindeutig voraussagbar ist. Selbst auch bei völliger Gleichschaltung der Menschen, z. B. durch faschistischen Terror, würde die Variabilität der Erbinformation, aber vor allem die freie Willensentscheidung eine im mechanistischen Sinne exakte Voraussage des Verhaltens des einzelnen nicht möglich machen. Die Voraussagen über das Verhalten des einzelnen Menschen werden daher immer probabilistischen Charakter tragen. Diese Aussage scheint mir genauso sicher, wie die Aussagen über den Determinismus auf der Ebene der Quantenphysik [Vgl. 56].

7 Es sei hier auch auf eine fruchtbare Methode der Reduktion und Integration in der Psychologie hingewiesen, wie sie die moderne Simulationstechnik eröffnet. Aus der Sicht der Kybernetik ist es bekanntlich möglich, einen Problemlösungsprozeß als Informationsverarbeitungsprozeß aufzufassen [58]. Die entscheidende Frage in unserem Zusammenhang ist nun, ob sich die verschiedenen Informationsverarbeitungsprozesse, die sich beim Denken vollziehen, auf eine kleine Anzahl Elementarprozesse zurückführen und dann möglicherweise auch neurophysiologisch interpretieren lassen. Es konnte nun gezeigt werden (vgl. [59]), daß sich menschliche Informationsverarbeitungsprozesse auf Elementarprozesse (wie aktivieren, hemmen, verknüpfen, entknüpfen) zurückführen lassen. Man kann dann eine den Nervennetzen ähnliche Struktur annehmen. Aktivierungs-, Hemmungs-, Verknüpfungs- und Entknüpfungsprozesse treten in einer bestimmten Organisationsform auf, aus der man zumindest in einem gewissen Grad die Organisationsform für bestimmte Problemlösungen wieder synthetisieren kann. Entscheidend für unsere Diskussion ist also die Feststellung, daß man neurophysiologisch interpretierbare Elementarprozesse kognitiver Organisation wieder synthetisieren kann, also auch hier die Methode der Reduktion und Integration in ihrer Einheit gesehen wird (vgl. F. Klix [58]).

Ein anderes spezielles Problem stellt die notwendige Einheit verschiedener Methoden bei der Diagnose dar. Das diagnostische Vorgehen in der klinischen Psychologie z. B. verlangt eine dialektische Einheit von Erklären und Verstehen, von Messen und Interaktion, sowie Kombination von Daten und Deskriptionen im Rahmen einer entsprechenden Persönlichkeitstheorie (Vgl. M. Fuchs-Kittowski [61]).

Die Wissenschaften vom Menschen verlangen also immer eine Verschränkung bzw. gegenseitige Ergänzung verschiedener Erkenntnismethoden bei der Erforschung menschlichen Verhaltens.